天然气开发利用与输送工程

高有兵 童 庆 张兵强 主编

吉林科学技术出版社

图书在版编目（CIP）数据

天然气开发利用与输送工程 / 高有兵，童庆，张兵
强主编 . —— 长春 : 吉林科学技术出版社，2023.7
ISBN 978-7-5744-0746-6

Ⅰ.①天… Ⅱ.①高… ②童… ③张… Ⅲ.①采气—
研究②天然气输送—研究 Ⅳ.① TE37 ② TE83

中国国家版本馆 CIP 数据核字 (2023) 第 153196 号

天然气开发利用与输送工程

主　　编	高有兵　童　庆　张兵强
出 版 人	宛　霞
责任编辑	张伟泽
封面设计	刘梦杏
制　　版	刘梦杏
幅面尺寸	185mm×260mm
开　　本	16
字　　数	130 千字
印　　张	8
印　　数	1-1500 册
版　　次	2023年7月第1版
印　　次	2024年2月第1次印刷

出　　版	吉林科学技术出版社
发　　行	吉林科学技术出版社
地　　址	长春市福祉大路5788号
邮　　编	130118
发行部电话/传真	0431-81629529 81629530 81629531
	81629532 81629533 81629534
储运部电话	0431-86059116
编辑部电话	0431-81629518
印　　刷	三河市嵩川印刷有限公司

书　　号	ISBN 978-7-5744-0746-6
定　　价	48.00元

前言 / PREFACE

能源是人类生存和社会发展的基本条件之一。随着世界经济的发展，世界能源市场不断地发展壮大。煤、石油和天然气已成为21世纪世界能源供应的三大支柱产业。当今世界，各国政府都十分重视能源的开发、利用以及其对环境的影响；同时，能源的构成、开发利用和人均消费量也标志着一个国家的生活水平、技术水平和文明程度。

目前，在煤、石油和天然气三大能源中，煤和石油工业的发展受制于现代社会大气环境质量对于燃料的严格要求；人工煤气也由于成本高、气质差以及气源在厂生产过程中污染环境，正在逐步退出人们的视线；天然气作为一种清洁、高效、便宜的能源，越来越受到人们的青睐，天然气工业以其特有的优势在世界经济格局中占据着越来越重要的地位。因此，全球的能源结构正在逐步转变之中，改变能源结构、改善大气质量的问题已经逐步引起各国政府和社会各界的广泛关注。

另外，自天然气开发、利用以来，管道输送成为天然气运输最主要和最基本的运输方式，若管道受到损害而出现泄涌等状况时，不仅会影响天然气开采、加工及供给等多个环节的正常运行，而且会造成环境污染、火灾和爆炸等事故的发生，导致严重的经济损失和人员伤亡，威胁天然气输气管道的安全运行。由此可见，研究、把握天然气输送工程运行的风险因素十分有必要，其能为天然气输气安全运行提供保障，提高天然气加工效率，促进相关企业发展。

本书由国家石油天然气管网集团有限公司西气东输分公司郑州输气分公司的职工共同编写完成，共五章，其中第一主编高有兵负责第一章、第四章第一节内容编写，计5万字；第二主编童庆负责第二章、第三章内容编写，计4万字；第三主编张兵强负责第四章第二节至第三节、第五章内容编写，计4万字。

　　本书参考了大量的相关文献资料，借鉴、引用了诸多专家、学者和教师的研究成果，写作过程中还得到了很多领导与同事的支持帮助，在此深表谢意。由于本人能力有限、时间仓促，虽经多次修改，仍难免有不妥与遗漏之处，恳请专家和读者指正。

目 录
CONTENTS

第一章　天然气与输气管道概述

第一节　天然气性质与管输气质要求

一、天然气分类、特点与性质

(一) 天然气的组成

天然气是由碳氢化合物和其他成分组成的混合物，它主要由甲烷（CH_4）、乙烷（C_2H_6）、丙烷（C_3H_8）、丁烷（C_4H_{10}）、戊烷（C_5H_{12}）组成，其次还含有微量的重碳氢化合物和少量的其他气体，如氮气（N_2）、氢气（H_2）、硫化氢（H_2S）、一氧化碳（CO）、二氧化碳（CO_2）、水气、有机硫等。

对已开采的世界各地区的天然气分析化验结果证实，不同地区、不同类型的天然气，其所含组分是不同的。据有关资料统计，各类天然气中包含的组分有一百多种，将这些组分加以归纳，大致可以分为三大类，即烃类组分、含硫组分和其他组分。

1. 烃类组分

只有碳和氢两种元素组成的有机化合物，称为碳氢化合物，简称烃类化合物。烃类化合物是天然气的主要组分，天然气中烃类组分含量可高达90%。天然气的烃类组分中，烷烃的比例最大。一般来说，大多数天然气的甲烷含量都很高，通常为70%～90%。故通常将天然气作为甲烷来处理。

天然气中除甲烷组分外，还有乙烷、丙烷、丁烷（含正丁烷和异丁烷），它们在常温常压下都是气体。

天然气中常含有一定量的戊烷（碳五）、己烷（碳六）、庚烷（碳七）、辛烷（碳八）、壬烷（碳九）和癸烷（碳十）。大多数天然气中不饱和烃的总含量小于1%。有的天然气中含有少量的环戊烷和环己烷。有的天然气中含有少量的芳香烃，其多数为苯、甲苯和二甲苯。

2. 含硫组分

天然气中的含硫组分，可分为无机硫化物和有机硫化物两类。

无机硫化物组分，只有硫化氢，分子式为 H_2S。硫化氢是一种比空气重、可燃、有毒、有臭鸡蛋气味的气体。硫化氢的水溶液叫氢硫酸，显酸性，故称硫化氢为酸性气体。有水存在的情况下，硫化氢对金属有强烈的腐蚀作用，硫化氢还会使化工生产中常用的催化剂中毒而失去活性（催化能力减弱）。

天然气中有时含有少量的有机硫化物组分，如硫醇、硫醚、二硫醚、二硫化碳、羰基硫、噻吩、硫酚等。有机酸化物对金属的腐蚀不及硫化氢严重，但使催化剂失去活性。大多数有机硫有毒，具有臭味，会污染大气。

天然气中含有硫化物时，必须经过脱硫净化处理，才能进行管输和利用。

3. 其他组分

天然气中，除去烃类和含硫组分之外，还有二氧化碳及一氧化碳、氧和氮、氢、氦、氩以及水气。二氧化碳是酸性气体，溶于水生成碳酸，对金属设备腐蚀严重，通常在天然气脱硫工艺中，将二氧化碳同硫化氢一起尽量脱除。二氧化碳在天然气中的含量，对于个别气井而言，可高达 10% 以上。一氧化碳在天然气中的含量甚微。

天然气中有微量氧。多数天然气中含有氮，一般其含量在 10% 以下，也有高达 50% 甚至更多的。如美国某气田生产的天然气中，氮的含量高达 94%。天然气中氢、氦、氩的含量极低，一般都在 1% 以下。天然气大多含有饱和水蒸气，随着温度降低，水汽会不断冷凝为水。天然气中凝析出的水，会影响管输工作。如果天然气中含有硫化氢和二氧化碳，当其溶于水时会腐蚀设备及管道，故对天然气中的水汽应进行脱除处理。

（二）天然气的类别

按照油气藏的特点，天然气可分为三类，即气田气、凝析气田气和油田伴生气。

1. 气田气

气田气是指在开采过程中没有或只有较少天然汽油凝析出来的天然气，这种天然气在气藏中，烃类以单相存在，其甲烷的含量为 80% ~ 90%，而戊烷以上的烃类组分含量很少。

2. 凝析气田气

这种天然气中戊烷以上的组分含量较多，但在开采中没有较重组分的原油同时采出，只有凝析油同时采出。

3. 油田伴生气

这种天然气是油藏中烃类以液相或气液两相共存，采油时与石油同时被采出，天然气中的重烃组分较多。

按照天然气中烃类组分的含量多少，天然气可分为干气和湿气。

干气是指戊烷以上烃类可凝结组分的含量低于 $100g/m^3$ 的天然气。干气中的甲烷含量一般在 90% 以上，乙烷、丙烷、丁烷的含量不多，戊烷以上烃类组分很少。大部分气田气都是干气。

湿气是指戊烷以上烃类可凝结组分的含量高于 $100g/m^3$ 的天然气。湿气中的甲烷含量一般在 80% 以下，戊烷以上的组分含量较高，开采中可同时回收天然汽油 (凝析油)。一般情况下，油田气和部分凝析气田气可能是湿气。

按照天然气中的含硫量差别，天然气可分为洁气和酸性天然气。

洁气通常是指不含硫或含硫量低于 $20mg/m^3$ 的天然气，洁气不需要脱硫净化处理，即可以进行管道输送和一般用户使用。

酸性天然气通常是指含硫量高于 $20mg/m^3$(或含 CO_2 大于 2%) 的天然气。酸性天然气中含硫化氢以及其他硫化物组分，一般具有腐蚀性和毒性，影响用户使用。酸性天然气必须经过脱硫净化处理后，才能进入输气管线。

(三) 天然气的物理性质

1. 天然气的相对分子质量

天然气是由多种组分组成的混合气体，无明确的分子式，也就无明确的相对分子质量。天然气的相对分子质量，是根据天然气各组分的相对分子质量和它们的体积组成，用求和法计算的，通常称为视相对分子质量，简称相对分子质量。

分子质量通常用摩尔质量来表示。天然气是一种混合气体，它的摩尔质量是由各组分的摩尔质量和体积分数的乘积加权平均计算出来的。计算公式如下：

$$M = M_1 V_1 + M_2 V_2 + M_3 V_3 + \cdots + M_n V_n$$

式中：M——天然气的摩尔质量；

$V, V_2, V_3, \ldots, V_n$——天然气各组分的体积分数；

$M_1, M_2, M_3, \ldots, M_n$——天然气各组分的摩尔质量。

2. 密度及相对密度

（1）密度

单位体积天然气的质量称之为密度。其计算公式如下：

$$\rho = \frac{m}{V}$$

式中：ρ——天然气的密度，kg/m^3；

m——天然气的质量，kg；

V——天然气的体积，m^3。

密度的影响因素有：

1）压力的影响。在温度一定时，一定质量的天然气压力越大密度越大，压力越小密度也越小。

2）温度的影响。在压力一定时，一定质量的天然气温度越高密度越小，温度越低密度越大。

（2）相对密度

天然气的相对密度是指在同温同压条件下，天然气的密度与空气的密度之比。即：

$$\Delta = \frac{\rho}{\rho_a}$$

式中：Δ——天然气的相对密度；

ρ——天然气的密度，kg/m^3；

ρ_a——同温同压下空气的密度，kg/m^3。

通常所说的天然气相对密度，是指压力为101.325kPa、温度为273.15K（0℃）条件下天然气密度与空气密度之比值。天然气比空气轻，其相对密度一般小于1，通常在0.5~0.7内变化。

3. 天然气的黏度

天然气的黏度与其组分的相对分子质量、组成、温度及压力有关。气体黏度随压力的增大而增大，非烃类气体的黏度比烃类气体的黏度高。气体黏度随相对分子质量的增大而减小。在低压条件下，气体黏度随温度的升高而增大；在高压条件下，气体黏度在温度低于一定程度时随温度的增高而急剧降低，但达到一定温度时气体的黏度随温度的升高而增大。

天然气中的主要烃类组分是甲烷，一般情况下，其体积组成为 95% 以上，故可以用甲烷的黏度代替天然气黏度。

4. 天然气的膨胀性和压缩性

(1) 膨胀性

天然气分子之间的内聚力不大，有多大的容积天然气就能占多大体积，这就是天然气的膨胀性。

(2) 压缩性

天然气分子之间的距离大，有很大的可压缩性。而液体和固体的压缩性是非常小的，在大多数情况下均可忽略不计。

5. 天然气的热值

单位数量的天然气完全燃烧所放出的热量称为天然气的热值。天然气的主要组分是烃类，是由碳和氢构成的，氢在燃烧时生成水并被汽化，由液态变为气态，这样，一部分燃烧热能就消耗于水的汽化。消耗于水的汽化的热叫汽化热 (或蒸发潜热)。将汽化热计算在内的热值叫全热值 (高热值)，不计算汽化热的热值叫净热值 (低热值)。由于天然气燃烧时汽化热无法利用，工程上通常采用低热值即净热值。

6. 天然气含水量

天然气含水量指天然气中水气的含量。天然气含水量的多少，通常用绝对湿度、相对湿度和露点来表示。

绝对湿度，是指单位数量天然气中所含水蒸气的质量，单位是 g/m^3。天然气为水汽饱和时的绝对湿度，称之为饱和绝对湿度，或简称饱和湿度。饱和湿度是在一定压力和温度下天然气的水汽最大含量。天然气的饱和湿度随着温度的升高而增大，随着压力的升高而降低。

相对湿度，是指单位体积天然气的含水量与相同条件 (温度、压力) 下饱和状态天然气的含水量的比值。

在一定压力下，天然气的含水量刚达到饱和湿度时的温度，称之为天然气的水露点。露点是在一定压力下天然气为水气饱和时的温度；是在一定压力下，天然气中刚有一滴露珠出现时的温度。当天然气的温度降低到其露点温度时，就会凝析出液态水。

（1）研究含水量的意义

天然气从地层中开采出来，如果处理不干净，将含有水和酸性离子，形成一种电解质，对金属设备产生电化腐蚀和化学腐蚀。

天然气中含有水时，天然气中的烃成分在一定条件下，将与水结合形成水合物，堵塞管道、仪表、阀门。

天然气中含有液态水时，将在管道低洼处分离出来减小流通面积，增大输气阻力。

天然气中含有液态水燃烧时，水将汽化吸热，降低天然气的燃烧值。

由于上述问题将增加许多维修管理的工作量，会增加许多管理费用。

（2）影响天然气含水量的因素

天然气在地层中与水共存，存在着底水或边水，天然气的含水量与在地层中本身所处的条件有关。

温度和压力的影响：在天然气中含有液态（或游离态）水时，温度一定，压力越高，天然气中含水量（水气量）越少；压力越低，天然气中含水量（水气量）越多。压力一定，温度越高，天然气中含水量（水气量）越多；温度越低，天然气中含水量（水气量）越少。

天然气的相对分子质量越大，天然气中含水量（水气量）就越多。

天然气管输时，必须将水气尽量脱除，使其露点比最低环境温度低5℃，这样在输送过程中就不会出现液态水。

7. 天然气的可燃性限和爆炸限

可燃气体与空气的混合物进行稳定燃烧时，可燃气体在混合气体中的最低浓度称为可燃下限，最高浓度称为可燃上限，可燃下限与可燃上限之间的浓度范围称为可燃性界限，简称可燃性限。

可燃气体与空气的混合物，在封闭系统中遇明火发生爆炸时，可燃气体在混合气体中的最低浓度称为爆炸下限，其最高浓度称为爆炸上限，爆炸上限与爆炸下限之间的可燃气体的浓度范围称为爆炸界限，简称爆炸限。

可燃气体与空气的混合物在封闭系统内遇明火发生剧烈爆炸是具有很

大破坏力的。可燃气体的剧烈燃烧，在几千分之一秒内产生 $2000 \sim 3000\,℃$ 的高温和极大的压力，同时发出 $2000 \sim 3000\,m/s$ 的高速传播的燃烧波（爆炸波），体积突然剧烈膨胀，同时发出巨大的声响，因而称之为爆炸。天然气是可燃气体，在输送及各种维护工作中，天然气有可能与空气混合遇明火发生爆炸事故，这是需要认真对待的。压力对可燃气体的可燃性限有很大影响。如当绝对压力低于 $6665\,Pa$ 时，天然气与空气的混合气体遇明火不会发生爆炸。而在常温常压下，天然气的可燃性限为 $5\% \sim 15\%$；随着压力升高，爆炸限急剧上升，当压力为 $1.5 \times 10^7\,Pa$ 时，其爆炸上限高达 58%。

天然气的主要组分是甲烷，故可以用甲烷的可燃性限代替天然气的可燃性限。

8. 天然气的杂质、危害及天然气净化

从气井中产生的天然气，往往含有气体、液体和固体杂质。液体杂质有水和油，固体杂质有泥砂、岩石颗粒，气体杂质有 H_2S、CO_2 等。这些杂质如不及时除掉，会对采气、输气、脱硫和用户带来很大危害，影响生产的正常进行。其主要危害有：

（1）增加输气阻力，使管线输送能力下降。含液量越高，气流速度越低，越易在管线低凹部位积液，形成液堵，严重时甚至中断输气。

（2）含硫水会腐蚀管线和设备。

（3）天然气中的固体杂质在高速流动时会冲蚀管壁。

（4）使天然气流量测量不准。

因此，清除天然气中的固体、液体、气体杂质，减少对管线设备、仪表的危害是天然气净化的目的。

9. 天然气节流效应

天然气在流经节流装置和元件时，流速增加，体积膨胀、压力急剧降低引起温度急剧降低，甚至产生冰冻的现象叫作节流效应。

天然气流经节流体时，由于孔板孔口的横截面积比管道的内截面积小，天然气要经过孔口，必须形成流束收缩，增大流速。在挤过节流孔后，流速由于流通面积的变大和流束的扩大而降低。所以，天然气流经节流体时，流速会变大，静压会降低。

气体在节流处急剧产生压降，使气体很快膨胀，对外做功，而气体在极短的时间内又来不及与外界发生热交换，可以近似看成为绝热膨胀，只能消耗气体自己的内能对外做功，而内能与气体的温度成正比，因此气体的温度也急剧降低。

节流前后压力、温度的关系式如下：

$$\frac{T_1}{T_2} = \left(\frac{P_1}{P_2}\right)^{\frac{(k-1)}{k}}$$

式中：P_1，T_1——节流前的压力、温度；

P_2，T_2——节流后的压力、温度；

k——绝热指数，一般天然气为 1.2～1.4，干气取 1.3，湿气取 1.2。

由于节流体的节流效应，也产生了能量的节流损失。另外，天然气中的二氧化碳、水分、硫化物更容易在节流处产生水合物，冬天产生冰堵现象，影响正常输气生产和管线安全。所以，应定时排污，或者安装伴热装置。

二、气体状态方程

(一) 气体状态方程式

1. 理想气体状态方程式

$$PV = nRT$$

式中：P——压力（绝），kPa；

V——体积，m^3；

T——气体的热力学温度，K；

n——千摩尔数，kmol；

R——气体常数，$kPa \cdot m^3/(kmol \cdot K)$ 或 $kJ/(kmol \cdot K)$。

理想气体在 0℃，101.325kPa 标准状态下的千摩尔体积为 22.414m^3/kmol；在 20℃，101.325kPa 标准状态下的千摩尔体积为 24.055m^3/kmol。

压力低于 0.4～0.5MPa 时，在工程计算中一般按理想气体状态方程计算已足够准确。

2. 真实气体状态方程式

在压力较高时，需按真实气体计算其温度、压力与容积的关系。在工程计算中，一般在到理想气体状态方程式中引入修正系数，即压缩系数 Z，其方程式如下：

$$PV = ZnRT$$

式中：Z——压缩系数（压缩因子）。

依据状态方程，已知气体在 P_1、T_1、Z_1 条件下的体积 V_1，换算成 P_2、T_2、Z_2 条件下的体积 V_2，按下式计算：

$$V_2 = \frac{Z_2 T_2 P_1}{Z_1 T_1 P_2} V_1$$

（二）气体常数

每千摩尔气体的气体常数 R，对于各种气体有一个共同的数值，又称通用气体常数。在标准状态（T_0=273.15K，P_0=101.325kPa）下：

$$R = \frac{P_1 V_0}{T_0} = 8.31441 \text{kJ/}（\text{kmol} \cdot \text{K}）$$

每千克气体的气体常数 R_1，对于不同的气体有不同的数值。其与通用气体常数的关系为：

$$R_1 = \frac{R}{M}$$

式中，M 为千摩尔气体的质量，单位为 kg/kmol，其值等于气体的相对分子质量。R_1 的单位为 kJ/（kg·K）。

天然气的气体常数一般为 0.5kJ/（kg·K）。计算式如下：

$$R_1 = \frac{R_a}{\Delta}$$

或

$$R_1 = \sum_{i=1}^{n} \left(\frac{R}{M_i Y_i} \right)$$

式中：R_a——空气的气体常数，0.287kJ/（kg·K）；

R——通用气体常数，8.31441kJ/（kmol·K）；

Δ——天然气的相对密度；

M_i——i 组分的千摩尔气体质量，kg/kmol；

Y_i —— i 组分的摩尔分数 (按理想气体计算时，摩尔分数等于体积分数，下同)。

三、虚拟临界常数

当计算天然气的某些物理参数时，常常采用虚拟临界常数值 (或称视临界常数值)。混合气体的虚拟临界温度和虚拟临界压力是指按混合气体中各组分的摩尔分数求得的平均临界温度和临界压力。天然气的虚拟临界特性按下式计算：

$$T_c = \sum_{i=1}^{n} (T_{ci} Y_i)$$

$$P_c = \sum_{i=1}^{n} (P_{ci} Y_i)$$

式中：T_c —— 虚拟临界温度，K；

P_c —— 虚拟临界压力 (绝压)，kPa；

T_{ci} —— i 组分的临界温度，K；

P_{ci} —— i 组分的临界压力 (绝压)，kPa；

Y_i —— i 组分的摩尔分数。

四、民用天然气性质和天然气管输气质要求

(一) 天然气的分类

天然气按高位发热量、总硫、硫化氢和二氧化碳含量，分为一类、二类和三类。天然气的技术指标应符合表 1-1 的规定。

表 1-1　天然气的技术指标

项　目		一　类	二　类	三　类
高位发热量 / (MJ/m³)	≥	36	31.4	31.4
总硫 (以硫计) / (mg/m³)	≤	60	200	350
硫化氢 / (mg/m³)	≤	6	20	350
二氧化碳 /%	≤	2	3	—
水露点 /℃		在交接点压力下，水露点应比输送条件下最低环境温度低5℃		

① 本表中气体体积的标准参比条件是 101.325kPa，20℃。

② 在输送条件下，当管道管顶埋地温度为 0℃时，水露点应不高于 -5℃。

③ 进入输气管道的天然气，水露点的压力应是最高输送压力。

作为民用燃料的天然气，总硫和硫化氢含量应符合一类气或二类气的技术指标。

为充分利用天然气这一矿产资源的自然属性，依照不同要求，结合我国天然气资源的实际，我国标准将天然气分为三类。

一、二类气体主要用作民用燃料。世界各国商品天然气中硫化氢控制含量大多为 5 ~ 23mg/m³。考虑到在城市配气和储存过程中，特别是混配和调值时可能有水分加入，为防止配气系统的腐蚀和保证居民健康，我国标准规定一、二类天然气中硫化氢含量分别不大于 6mg/m³ 和 20mg/m³。三类气体主要用作工业原料或燃料。

考虑到由于个别用户对天然气质量要求不同，以及现有不少用户已建有天然气净化设施这一现实情况，在满足国家有关安全卫生等标准的前提下，对于三个类别之外的天然气供需双方可用合同或协议来确定其具体要求。

由于世界各国天然气资源情况不同，其组分含量亦不同，对管输气的要求也不尽相同。但是，随着天然气在能源结构中的比例上升，输气压力升高，输距增长，对气质要求也更趋严格。

(二) 天然气中的含硫量

1. 天然气中硫化氢含量

之所以规定天然气中硫化氢含量的目的在于控制气体输配系统的腐蚀以及减少对人体的危害。湿天然气中当硫化氢含量不大于 6mg/m³ 时，对金属材料无腐蚀作用；硫化氢含量不大于 20mg/m³ 时，对钢材无明显腐蚀或此种腐蚀程度在工程所能接受的范围内。

有些天然气的 H_2S 的质量分数高达 10% 以上。H_2S 是透明、剧毒气体。各种不同浓度下，H_2S 对人类的危害见表 1-2。

表 1-2 H_2S 浓度与人的反应

空气中浓度 / (mg/m³)	生物影响及危害	空气中浓度 / (mg/m³)	生物影响及危害
0.04	感到臭味	300	暴露时间长则有中毒症状
0.5	感到明显臭味	300 ~ 450	暴露 1h 引起亚急性中毒
5.0	有强烈臭味	375 ~ 525	4 ~ 8h 内有生命危险
7.5	有不快感	525 ~ 600	1 ~ 4h 内有生命危险
15	刺激眼睛	900	暴露 30min 会引起致命性中毒
35~45	强烈刺激黏膜	1500	引起呼吸道麻痹，有生命危险
75~150	刺激呼吸道	1500 ~ 2250	在数分钟内死亡
150~300	嗅觉 15min 内麻痹		

注：引自《含硫油气田硫化氢监测与人身安全防护规定》。

在较低浓度下，H_2S 会刺激眼睛。反复短时间与 H_2S 接触，可导致眼睛、鼻子、喉咙的慢性疼痛，但只要在新鲜空气下这种疼痛就会很快消失。H_2S 也是一种可燃气体，能在空气中燃烧，其可燃体积分数为 4.3% ~ 46%。由于 H_2S 具有剧毒，必须在油气田进行的气体加工中将其控制在买方的要求范围内。

2. 天然气中总硫含量

不同用途的天然气对其中的总硫含量要求各不相同。作为燃料，这个要求是由所含的硫化物燃烧生成二氧化硫对环境与人体的危害程度确定的。作为原料，由于加工目的不同所需净化深度各异，对于出矿质量并无统一要求。

（三）天然气加臭

作为民用燃料，天然气应具有可以察觉的臭味；无臭味或臭味不足的天然气应加臭。加臭剂的最小量应符合当天然气泄漏到空气中达到爆炸下限的 20% 浓度时，应能察觉。加臭剂常用具有明显臭味的硫醇、硫醚或其他含硫化合物配制。

城镇燃气加臭剂应符合下列要求：

（1）加臭剂和燃气混合在一起后应具有特殊的臭味。

（2）加臭剂不应对人体、管道或与其接触的材料有害。

（3）加臭剂的燃烧产物不应对人体呼吸有害，并不应腐蚀或伤害与此燃烧产物经常接触的材料。

（4）加臭剂溶解于水的程度不应大于25%（质量分数）。

（5）加臭剂应有在空气中能察觉的加臭剂含量指标。

同时，加味也是一种管道检漏的方法。在检查时注入较多的加味剂，然后沿管道巡回检查，如果闻到加味剂的臭味，则可断定此处管道（或设备）遭破损，操作人员就可找到具体的破裂部位进行修补。这种方法在过去是相当有效的。

天然气加臭有助于发挥社会公众对管道事故报警中的作用，是输配系统的重要安全措施。

天然气加味剂浓度视爆炸下限而定，即按照"在达到天然气在空气中的爆炸下限的1/5之前，其气味强度至少为气味2级"这一原则决定的。在原西德，根据地方的管线情况天然气要添加 $5 \sim 15mg/THT/m^3$。在所谓脉冲加味下添加物短时间可增加到 $50mg/m^3$ 左右。加味剂通常选用一些具有强烈刺激臭味、易挥发的化学物质，如乙硫醇、丁硫醇、硫醇混合物和四氢噻吩等。

我国加臭是从安全用气的需要而设置的，一般由城市燃气管理部门来决定。加臭装置大多数设置在城市门站或储配站。在作整个输配系统的设计，或作城市门站、储配站的设计时，应考虑加臭问题。

五、天然气水合物

（一）水合物的形成

天然气水合物结构复杂而又极不稳定，它由天然气中的某些组分与水组成，称为冰堵。天然气水合物是一种白色结晶固体，外观形似松散的冰或致密的雪，密度为 $0.80 \sim 0.90g/cm^3$。天然气水合物是一种笼形晶状包络物，即水分子借氢键结合成笼形晶格，而气体分子则在分子间力作用下被包围在晶格笼形孔室中。

天然气某些组分的水合物分子式为：$CH_4 \cdot 6H_2O$，$C_2H_6 \cdot H_2O$，$C_3H_8 \cdot 17H_2O$，$C_4H_{10} \cdot 17H_2O$，$H_2S \cdot 6H_2O$，$CO_2 \cdot 6H_2O$。戊烷以上烷烃一般不形成水合物。

（二）水合物形成和存在条件

（1）天然气中有足够的水蒸气并有液滴存在；

（2）天然气处于适宜的温度和压力状态，即相当高的压力和相当低的温度。

（三）水合物对输气生产的影响

水合物在输气干线或输气站某些管段（如弯头）、阀门、节流装置等处形成后，天然气的流通面积减小，形成局部堵塞，其上游的压力增大，流量减小，下游的压力降低，因而影响了正常输气和平稳为用户供气。同时，水合物若在节流孔板处形成，会影响计量天然气流量的准确性。如果形成的水合物不及时排除，堵塞会越来越严重，以至于使上游天然气压力上升较大，引起不安全事故发生。水合物形成堵塞时，下游用户天然气流量会减少，以致影响用户的生产。为此，输气工应该重视天然气水合物形成的危害，积极防止水合物形成。当水合物已形成时，应及时排除它。

（四）水合物预防措施

（1）利用水露点检测仪在线监测管输天然气的水露点，确保气源来气的水露点满足管输气要求。

（2）对于刚投产管道，应对阀门、过滤分离器、汇管、调压撬、计量撬、排污罐和放空管等设备进行多次排污，尽量将液体排出。

（3）在调压撬、引压管、过滤分离器积液器和易冰堵管段增加加热器或电伴热，通过加热防止水合物形成。

（4）加入化学制剂抑制天然气水合物形成。

（5）定期清管，清除管道内液体。

(五) 水合物处理措施

(1) 降压解堵法: 在形成水合物的管段, 利用放空管等设施放空部分天然气, 通过降低管段压力来降低水合物形成温度, 当水合物形成温度低于管内天然气温度时, 水合物会立即分解, 且分解速度很快。

(2) 注入防冻剂: 防冻剂可大量吸收水分, 降低水合物形成的平衡温度, 破坏水合物形成的条件, 使已形成的水合物分解。水合物解除后, 需要及时将管内水和防冻剂排出。

(3) 对引压管、调压阀及小管径管道等局部水合物采取浇热水方式是最简单易行的处理方法。干线管道冰堵段可采用蒸汽车加热处理, 埋地管道则需开挖处理。

(4) 放空吹扫冰堵管段, 并利用下游分输管道进行反吹。

(5) 提高分输压力, 减小调压撬前后压差。

第二节　输气工艺与输气站

一、输气工艺概述

天然气的输送基本分为两种方式: 一是液化输送; 二是管道输送。

天然气的液化输送方式, 是将从油气井采出的天然气在液化厂进行降温压缩升压, 使之液化, 然后分装于特别的绝热容器内, 用交通工具如油轮、油槽火车、汽车等运至城镇液化天然气气化站, 再经过管道输送给用户或者直接用交通工具和容器运送给用户。

在大气压下, 冷却至约 -162℃时, 天然气由气态转变成液态, 称为液化天然气 (Liquefied Natural Gas, LNG)。LNG 无色、无味、无毒且无腐蚀性, 其体积约为同量气态天然气体积的 1/600, LNG 的质量仅为同体积水的 45% 左右, 天然气的热值随组分不同略有差异, 如广东 LNG 掺混少量空气燃烧后测得的低位热值在 $33.49 \sim 40.39 MJ/Nm^3$ 之间。

天然气液化输送, 首先应将天然气液化, 而达到使天然气液化的低温条件很困难, 工艺设备复杂, 技术条件严格, 投资也大, 液化输送天然气的方式目前在天然气陆地运输采用得较少。对于高度分散的用量小的用户，在不便铺设输气管线的偏远山区，或铺设管线管理困难又不经济的地区，如高寒山区等，天然气液化输送方式有其特殊的灵活性和适应性。

天然气液化后，其体积比气态天然气的体积缩小数百倍，这不仅给用交通工具输送带来方便，而且能比用管道输送极大地提高输送能力。在海底管道运距超过 1400km 或沿海管道运距超过 3800km 时，采用 LNG 船运的方式比管道运输的综合运输成本更低（包括天然气液化、储存、装卸及再汽化的费用）。在沿海及跨海运输时，液化天然气船运的方式得到了广泛应用。

天然气的管道输送方式，是将油气井采出的天然气通过与油气井相连接的各种管道及相应的设施、设备网络输送到不同地区的不同用户。天然气管道输送方式输送的天然气输量大，给用户供应的天然气稳定，用户多、地域广、距离长、供应连续不断。管输天然气事业发展迅速，是目前天然气输送的主要方式。

长距离天然气输送源于 20 世纪 20 年代。美国建设了十几条大型燃气输送系统。每一个系统都配备了直径约为 51cm（20in）的管道，运送距离超过 320km。在 20 世纪中期之后，建造了许多输送距离更远、更长的管线。管道直径甚至可以达到 142cm。19 世纪 70 年代初，最长的一条天然气输送管线在苏联诞生。例如，将位于北极圈的西伯利亚气田的天然气输送到东欧的管线，全长 5470km，途经乌拉尔山和 700 条大小河流。结果使世界最大的 Urengoy 气田的天然气输送到东欧，然后送到欧洲消费。另一条管线是从阿尔及利亚到西西里岛，虽然距离较短，但施工难度也很大，该管线管径为 51cm，沿途要穿越地中海，所经过的海域有的深度超过 600m。

我国天然气管道输送始于 20 世纪 50～60 年代，70 年代加快发展，90 年代以后随着西气东输（一线、二线）、陕京天然气管道（一线、二线）、忠武线、川气东送等一大批长距离输气管道的建设与投产以及沿线相继建成的环形输气干线，形成了与供电系统相似的集天然气采、输、供于一体的庞大输气网络系统，为经济的腾飞发挥着越来越大的作用。

（一）天然气管输系统的基本组成

天然气管输系统是一个联系采气井与用户间的由复杂而庞大的管道及

设备组成的采、输、供网络。一般而言，天然气从气井中采出至输送到用户，其基本输送过程（输送流程）是：气井（或油井）—油气田矿场集输管网—天然气增压及净化—输气干线—城镇或工业区配气管网—用户。

天然气管输系统虽然复杂而庞大，但将其系统中的管线、设备及设施进行分析归纳，可分为几个基本组成部分，即集气、配气管线及输气干线；天然气增压站及天然气净化处理厂；集输配气场站；清管及防腐站。天然气管输系统各部分以不同的方式相互连接或联系，组成一个密闭的天然气输送系统，即天然气是在密闭的系统内进行连续输送的。从天然气井采出的天然气（气田气），以及油井采出的原油中分离出的天然气（油田伴生气）经油气田内部的矿场集输气支线及支干线，输往天然气增压站进行增压后（天然气压力较高，能保证天然气净化处理和输送时，可不增压），输往天然气净化厂进行脱硫和脱水处理（含硫量达到管输气质要求的可以不进行净化处理），然后通过矿场集气干线输往输气干线首站或干线中间站，进入输气干线，输气干线上设立了许多输配气站，输气干线内的天然气通过输配气站，输送至城镇配气管网，进而输送至用户。也可以通过配气站将天然气直接输往较大用户。

（二）天然气管输系统各组成部分的功能和作用

天然气管输系统的输气管线，按其输气任务的不同，一般分为矿场集气支线、矿场集气干线、输气干线和配气管线四类。

长输管道系统的构成一般包括输气干管、首站、中间气体分输站、干线截断阀室、中间气体接收站、清管站、障碍（江河、铁路、水利工程等）的穿跨越、末站（或称城市门站）城市储配站及压气站。

与管道输送系统同步建设的另两个组成部分是通信系统和仪表自动化系统。

矿场集气支线是气井井口装置至集气站的管线，它将各气井采出来的天然气输送到集气站做初步处理，如分离除掉泥砂杂质和游离的水，脱除凝析油，并节流降压和对气、油、水进行计量。

矿场集气干线是集气站到天然气处理厂或增压站或输气干线首站的管线。含硫天然气通过矿场集气干线送往天然气处理厂（压力较低的天然气要增压后再送往天然气处理厂）；气质达到要求的天然气直接由集气站送往输气干线首站等（根据压力高低情况采取加压或不加压方式）。

集气站可分为常温分离集气站和低温分离集气站两种。集气站的任务是将各气井输来的天然气进行节流调压，分离天然气中的液态水和凝析油，并对天然气量、产水量和凝析油产量进行计量。

天然气处理厂，亦称天然气净化厂，它的任务是将天然气中的含硫成分和气态水脱除，使之达到天然气管输气质要求，减缓天然气中含硫成分及水对管线设备的腐蚀作用，同时从天然气中回收硫黄，供工农业等使用。

输气干线是天然气处理厂或输气干线首站到城镇配气或工矿企业一级站的管线。它将经过脱硫处理后符合气质要求的天然气，或不含硫已符合管输气质要求的天然气，由天然气处理厂或首站输往城镇配气站，或工矿企业一级输气站等。

输气干线首站主要是对进入干线的气体质量进行检测控制并计量，同时具有分离、调压和清管球发送功能。

输气管道中间分输（或进气）站其功能和首站差不多，主要是给沿线城镇供气（或接收其他支线与气源来气）。

天然气增压站的任务，是给天然气补充能量，将机械能转换为天然气的压能，提高天然气的压力。增压站除在输气干线首站前设置之外，还可根据输气工作的需要，在输气干线中设置一个或几个。当天然气输送至输气干线某段，压力较低而不能满足用户需要或影响输气能力时，可设置增压站，给天然气补充压能，以利输送和满足用户需要。对于油气井采出来的压力较高的天然气（或者从天然气干线分枝的城市管道天然气），由于靠天然气自身压力就能将气体输往末站，所以有时可以暂不设压气站。

输气管道末站通常和城市门站合建，除具有一般站场的分离、调压和计量功能外，还要给各类用户配气。为防止大用户用气的过度波动而影响整个系统的稳定，有时装有限流装置。

为了调峰的需要，输气干线有时也与地下储库和储配站连接，构成输气干管系统的一部分。与地下储库的连接，通常都需建一压缩机站，用气低谷时把干线气压入地下储库，高峰时抽取库内气体压入干线，经过地下储存的天然气如受地下环境的污染，必须重新进行净化处理后方能进入压缩机。

干线截断阀室是为了及时进行事故抢修、检修而设。根据线路所在地区类别，每隔一定距离设置。

输气管道的通信系统通常又作为自控的数传通道，它是输气管道系统进行日常管理、生产调查、事故抢修等必不可少的，是安全、可靠和平稳供气的保证。

通信系统分有线（架空明线、电缆、光纤）和无线（微波、卫星）两大类。

输气站与配气站往往结合在一起，它的任务是将上站输来的天然气分离除尘，调压计量后输往下站，同时按用户要求（如用气量、压力等），平稳地为用户供气。输气站还承担控制或切断输气干线的天然气气流，排放干线中的天然气，以备检修输气干线等任务。

清管站通常和其他站场合建，清管的目的是定期清除管道中的杂物，如水、机械杂质和铁锈等。由于一次清管作业时间和清管的运行速度的限制，两清管收发筒之间距离不能太长，一般为 $100\sim150km$。因此，在没有与其他站合建的可能时，需建立单独为清管而设的站场。

清管站除有清管球收发功能外，还设有分离器及排污装置。

防腐站的任务，是对输气管线进行阴极保护和向输气管内定期注入缓蚀剂，从而防止和延缓埋在地下土壤里的输气管线外壁免遭土壤的电化学腐蚀及天然气中的少量酸性气体成分和水的结合物对输气管线内壁的腐蚀。

一个完整的城市配气系统应包括：（1）配气站。配气站建于干线输气管或其支管的终点，其任务是接受输气管来的天然气，进行除尘、计量、调压、添味，然后把天然气送入配气管网，并保持管网必需的压力。配气站既是干线输气管的最后一站，又是城市配气系统的第一个建筑物。（2）配气管网。配气管网是城市内部输送和分配天然气的管网，它把天然气从配气站输送至各类用户。（3）各种类型的储气设施和储气库。为了调节用气的不均衡性，必须建设各种类型的储气设施。其中，干线输气管末段和各种类型的储气站的主要任务是调节昼夜用气的不均衡性，而各种类型的储气库是调节季节用气不均衡性的主要设施。储气站常常与配气站合二为一，统称为储配站。（4）各类调压所。建于各级配气管网或某些专门用户之前，主要设备是调压器。它的任务是保持各级管网和用户的气体有一定的压力，从而满足各类用户的需要。

天然气管输系统是一个整体，一处发生故障，将影响全局，牵动着方方面面。因此，应认真履行职责，加强维护，规范操作，严格管理，以达到安全、平稳输供气。

(三) 输气工艺设计

输气管道的设计输送能力应按设计委托书或合同规定的年或日最大输气量计算，设计年工作天数应按 350 天计算。

进入输气管道的气体必须清除机械杂质；水露点应比输送条件下最低环境温度低 5℃；烃露点应低于最低环境温度；气体中硫化氢含量不应大于 $20mg/m^3$。

输气管道的设计压力应根据气源条件、用户需要、管材质量及地区安全等因素经技术经济比较后确定。

当输气管道及其附件已按国家现行标准《埋地钢质管道阴极保护技术规范》的要求采取了防腐措施时，不应再增加管壁的腐蚀裕量。

输气管道应设清管设施。有条件时宜采用管道内壁涂层。

输气工艺设计必须在掌握大量有关资料的基础上进行，这些资料包括：① 气源情况，即气源的地理位置、气量、气质、天然气组分、压力以及近、远期发展规划，还应了解气源周围地区资源情况和沿线经过地区有无进气可能，以及气源的分年度开发方案。② 沿线自然条件，包括沿线地形地貌、交通条件、水电供应条件、气象资料、工程地质、水文地质资料及沿线工农业发展现状和城镇发展规划。③ 用户情况和要求，包括供气的主要对象、用途、用气波动规律；用户对气质、气压及储气调峰的措施和要求；城市用气发展规划，有无其他补充气源；城市管网压力等级、储配站设置等。

当输送不符合管输气质量标准的气体时，应在工艺设计中采取相应的措施加以保护；但供给城镇作城市燃料气源的天然气，从安全和环保的角度考虑，硫化氢含量不允许超标。

由于气源和用户的负荷变化、气温变化以及管线系统的维修、事故、清管等原因，不可能始终是满负荷运行，确定管道的输送能力时，应留有 9%～10% 的裕量。当用户有特殊要求时，应按用户要求设计。

当供气城市还有补充气源时，干线末站的气体参数和站的设置应互相协调一致，以便发挥各自最大的效能和优势。

输气管的工艺设计除满足正常输气的工艺要求外，还应考虑各种变工况运行的可能情况及快速有效的事故处理对策，以便把事故的损失和影响降到最低限度。

工艺设计应根据气源条件、输送距离、输送量及用户的特点和要求，对管道进行系统优化设计，经综合分析和技术经济对比后确定。

输气管道的工艺设计是根据任务要求和气源条件进行多方案比较的过程，首先是是否增压的问题。在增压输送的情况下，管径、压比、输气压力等之间存在某种函数关系，选取最佳参数要作计算和比较，根据以往经验和国外情况，输距在 500km 内，气源压力在 4.0MPa 以上时，可不考虑增压。

输气工艺设计通常包括以下内容：(1) 确定输气干线总流程和各站分流程；(2) 合理选择各站的进出口参数；(3) 确定各种站场的数量和站间距；(4) 确定输气管的管径和壁厚。

在有压气站时，还要确定设计压力、最高输气压力和站压比。在确定输送压力时，应充分利用气源压力，合理选择压气站的站压比和站间距。当采用离心式压缩机增压输送时，站压比宜为 1.2 ~ 1.5，站间距不宜小于 100km。

压气站特性和管道特性应协调，在正常输气条件下，压缩机组应在高效区内工作。压缩机组的数量、选型、连接方式应在经济运行范围内，并满足工艺设计参数和运行工况变化的要求。

具有配气功能分输站的分输气体管线宜设置气体的限量、限压设施。

输气管道首站和气体接收站的进气管线应设置气质监测设施。

输气管道的强度设计应满足运行工况变化的要求。

输气站应设置越站旁通。进、出站管线必须设置截断阀。截断阀的位置应与工艺装置区保持一定距离，确保在紧急情况下便于接近和操作。截断阀应当具备手动操作的功能。

二、输气站及设置

输气站的主要功能包括调压、净化、计量、清管、增压和冷却等。其中，调压的目的是保证输入、输出的气体具有所需的压力和流量；净化的目的是脱除天然气中固体杂质，以免增大输气阻力，磨损仪表设备，污染环境，毒害人体；计量是气体销售、业务交接必不可少的，同时它也是对整个管道系统进行自动控制的依据；清管是通过发送清管器以清除管内积液和污物或检测管道的损伤；增压的目的是为天然气提供一定的压能；冷却是使由于增压升高的气体温度降低下来，保证气体的输送要求。根据输气站所处的位置不同，各自的作用也有所差异。

输气首站一般在气田附近，如果地层气压较高时，首站可暂不建压缩机。仅靠地层压力输到第二站甚至第三站，待气田后期气压降低后再适时投建压缩机。首站一般要进行调压、计量、除尘、发送清管器、气体组分分析等。

中间站主要进行气体增压、冷却及收发清管器。但如果中间站为分输站时，也要考虑分输气的调压、除尘、计量等。

末站是输气站终点。气体通过末站供应给用户，末站具有调压、除尘、计量、清管器接收等功能。此外，为了解决管道输送和用户用气不平衡问题，还设有调峰设施，如地下储气库、储气罐等。

除此之外，各输气站内还具有流程切换、自动监测与控制、安全保护、污油储存与阴极保护等功能。

(一) 输气站设置原则

输气站位置是由水力计算初步确定后，经现场勘察最后决定的。各类输气站宜联合建设。各类站的工艺流程必须满足其输气工艺要求，并有旁通、安全泄放、越站输送等功能。除此之外，还应考虑如下几方面的问题：(1) 输气站应尽可能设置在交通、能源、燃料供应、给排水、电信、生活等条件方便的地方，并和当地区域发展规划协调一致，以节省建设投资，便于经营管理和职工生活。但当输气站与工业企业、仓库、车站及其他公用设施相邻时，其安全距离必须符合《石油天然气工程设计防火规范》中的有关规定。(2) 站址选择的结果要保证该站具有较好的技术经济效果，场地的大小既要满足当前最低限度的需要，又要保证为将来发展提供可能。各建筑物之间的间距应符合防火安全规定。(3) 站址应选地势开阔、平缓的地方，便于场地排水。尽量减少平整场地土石方的工程量，节约投资。(4) 站址的地貌应该稳定，具有较好的工程地质和水文地质条件，地势较平，土壤的承载能力一般不低于0.12MPa，岩层应该坚实而稳定，地下水位要较低，土壤干燥，避免建在易发生山洪、滑坡以及沼泽和可能浸水等不良工程地质段。

（5）要重视输气站对周围环境的影响，注意"三废"的治理，进行环境保护，维护生态平衡。如果站址在河流的附近，应设在居民区的下游，并靠近已有的道路。

（二）输气站的布置

输气站按工艺流程和各自功能可划分成许多区块，包括压缩机房、冷却装配区、净化除尘区、调压计量区、清管器收发区、消防水池、储气（油）罐区、仪表控制间等。目前，为了减小输气站的占地面积和施工安装工作量，国内外大量采用撬装区块。其做法是将区块在工厂预制好运到现场，只需使底盘就位，连接管道就完成了区块的安装。这样既缩短了工期，又节省了投资。输气站的布置主要应考虑如下几个方面：（1）各区及设备平面布置应满足工艺流程的要求，尽量缩短管道长度，避免倒流，减少交叉。（2）分区布置，把功能相同的设备尽量布置在一个装置区。（3）输气站与周围环境以及各设备间在遵照有关规定，保证所要求的防火间距的前提下，布置应紧凑，同时也要保证有消防、起重和运输车辆通行的道路和检修场地。（4）对于有压缩机的输气站，厂房内的压缩机一般成单排布置；若机组数量较多时，也可采用双排布置，以避免厂房过长而使巡回检查操作不便。双排布置时，之间应有足够的距离。对于大型压缩机组，还常常采用双层布置，使辅助设备和管道在一层，二层为操作平台，这样可以减少占地，方便操作。（5）输气站除了有前面所述的生产区外，还应设置维修间和行政办公地，它们通常单独或与仪表控制室合并在同一建筑物内，并应与压缩机房保持一定距离，以减少噪声干扰。

（三）输气管道的安全泄放

输气站应在进站截断阀上游和出站截断阀下游设置泄压放空设施。

输气干线截断阀上下游均应设置放空管。放空管应能迅速放空两截断阀之间管段内的气体。放空阀直径与放空管直径应相等。

输气站存在超压可能的受压设备和容器，应设置安全阀。安全阀泄放的气体可引入同级压力的放空管线。安全阀的定压应小于或等于受压设备和容器的设计压力。

安全阀泄放管直径应按下列要求计算：(1) 单个安全阀的泄放管直径，应按背压不大于该阀泄放压力的 10% 确定，但不应小于安全阀的出口直径；(2) 连接多个安全阀的泄放管直径，应按所有安全阀同时泄放时产生的背压不大于其中任何一个安全阀的泄放压力的 10% 确定，且泄放管截面积不应小于各安全阀泄放支管截面积之和。

放空气体应经放空竖管排入大气，并应符合环境保护和安全防火要求。

输气干线放空竖管应设置在不致发生火灾危险和危害居民健康的地方。其高度应比附近建 (构) 筑物高出 2m 以上，且总高度不应小于 10m。

输气站放空竖管应设在围墙外，与站场及其他建 (构) 筑物的距离应符合现行国家标准：(1) 放空竖管直径应满足最大的放空量要求。(2) 严禁在放空竖管顶端装设弯管。(3) 放空竖管底部弯管和相连接的水平放空引出管必须埋地；弯管前的水平埋设直管段必须进行锚固。(4) 放空竖管应有稳管加固措施。

(四) 截断阀的设置

输气管道应设置线路截断阀。截断阀位置应选择在交通方便、地形开阔、地势较高的地方。截断阀最大间距应符合下列规定：(1) 以一级地区为主的管段不宜大于 32km；(2) 以二级地区为主的管段不大于 24km；(3) 以三级地区为主的管段不大于 16km；(4) 以四级地区为主的管段不大于 8km。

上述规定的阀门间距可以稍作调整，使阀门安装在更容易接近的地方。截断阀可采用自动或手动阀门，并应能通过清管器或检测仪器。

(五) 输气站的设备、仪表及管线组成

一条输气干线上，建立了不同类型的站场，如增压站、防腐站、清管站、输气站等，它们分别承担着各自的任务。而输气站在输气干线上是数量最多的，它除了对天然气进行进一步的除尘、除水外，还承担着汇集和分配天然气的任务。在输气站中，天然气经调压和测算气量之后，输往用户。为

了清除管线内的污物，输气站还承担着发送和接收清管球的任务（除在输气干线上单设清管站外，常将清管设备安装在输气站内）。输气站还承担着控制或切断输气干线的天然气气流，排放输气干线的天然气，以便某段输气干线检修的任务。

输气站要完成上述种种任务，得依靠站内安装的用途不同的设备、仪表及管线。输气站的设备、仪表、管线主要有以下几种：

（1）压缩机。用来给气体增压提供能量，使气流能够沿管路输送。

（2）除尘分离设备。用来分离天然气中少量的液态水、砂粒、管壁腐蚀产物等杂质，保证天然气的气质要求。一般站场都应设除尘分离设备，清管站由于清管时脏物较多，为防堵塞不应使用过滤分离器。压气站周围因压缩机对粉尘颗粒大小及含量要求极高，宜选用过滤分离。其他站场视具体情况而定。

（3）计量设备。在输气干线的进气、分输气、配气管线上以及站场自耗气管线上应设置气体计量装置，必要时还要设气质检测仪表，有气体输出的还需设限流阀。流量计的量程范围应能覆盖最大工况波动范围，为了计量的准确性，可装设两个或多个流量计，以适应不同流量下运行的要求。

（4）调压设备。调压装置应设置在气源来气压力不稳定且需控制进出站压力的管线上。在分输气及配气管线上以及需要对气体流量进行控制和调节的管段上，配气站应对不同用户管线分别装设调压阀。调压阀最好选用自力式（利用天然气本身压力能）的调压阀，通常安装在计量装置前。当计量装置之前安装有调压装置时，计量装置前的直管段设计应符合国家有关标准的规定。

（5）清管设备。用来进行清管作业，发送和接受清管器，清除管中污物。清管设施宜设置在输气站内。为了避免大量气体放空，应采用不停气密闭清管流程，清管站和进出口管道上需装设清管球通过指示器，应按清管自动化操作的需要在站外管道上安装指示器，并能将指示信号传至站内。清管器的选择应根据清管作业的目的来决定，清管器收发筒的结构应能满足通过清管器或检测器的要求。应根据清管器的尺寸及转弯半径来确定收、发放筒的长度及弯头的曲率半径。清管器收发筒上的快开盲板，不应正对距离小于或等于60m的居住区或建（构）筑物区。当受场地条件限制无法满足上述要求时，应采取相应安全措施。清管作业清除的污物应进行收集处理，不得随意排放。

（6）加热设备。用以对天然气加热，提高天然气的温度，防止天然气中烃与水形成水合物而堵塞管道设备，影响输气生产，一般在 LNG 气化管道入口处、需要较大幅度调低压力处和北方大气温度较低的地区装设。

（7）阀门。用以切断或接通、防止气体倒流或控制天然气气流的压力、气量。

（8）安全阀。管线设备超压时自动开阀排放天然气泄压，保证管线设备在允许的压力范围内工作，确保生产安全。

（9）温度计、压力表、计量罐。用来测算天然气输送时的各种参数，让操作人员有依据地做好天然气调节控制工作。

（10）输气站的管线。有计量管、排污管、放空管、汇管、天然气过站旁通管及计量管旁通管等。进站旁通管在输气站检修时使用，计量旁通管在检修节流装置时使用，汇管用来汇集不同管线的来气和将天然气分配到不同管线、用户，以及实现各种作业。

第二章 天然气开发分析

第一节 气藏开发简析

一、气田开发方案编制

通过气藏开发前期评价工作，通常对气藏的储量、开发指标、开发方式、关键技术等方面都有了比较明确的认识，为气藏投入开发奠定了基础。在气藏正式投入开发之前，必须编制设计科学合理的开发方案，即气田在获得国家批准的探明储量和试采动态资料后编制的开发方案。它是气田开发建设和指导生产的重要文件，气田投入开发必须有正式批准的开发方案。

(一) 气田开发原则与方针

1. 气田开发原则

目前，世界上油气田开发尚无统一遵循的原则。中国则从国家发展需要及保护资源角度出发，提出"按照油气田的特点，根据国民经济发展的要求，通过适当调节满足较长期的高产和稳产，以最少的经济消耗，取得最高的采收率和最大的经济效益"。这就是中国气田开发的原则。

2. 气田开发方针

(1) 贯彻执行持续稳定发展方针，坚持"少投入、多产出"，提高经济效益。

(2) 按照先探明储量、再建设产能、后安排天然气生产的科学程序进行工作部署。

(3) 最大限度地合理利用气藏的天然能量。

(4) 天然气藏开发系统上游、下游必须合理配套，统筹兼顾。

(5) 把气藏地质研究、气藏动态监测贯彻于气田开发的始终。

(6) 做好气井、气藏、气田、气区的储量和产量接替，实现开发生产的良性循环。

（7）积极采用现代科学技术和装备，加强科学研究和新方法、新技术及新装备的技术准备，完善气田开发资料数据库和岩心库，逐步形成气田开发计算机应用网络，不断提高气田开发水平。

（8）力争做到五个合理：① 合理的开发方式；② 合理划分开发层系；③ 合理的井网部署；④ 合理的气井生产制度；⑤ 留有合理的后备储量。

3. 开发方案编制的原则

（1）严格遵循国家有关法律、法规和政策，合理利用国有天然气资源。

（2）以经济效益为中心，结合气藏地质特征、资源状况、市场需求，优化开发设计，实现气藏合理开发。

（3）确保气藏安全生产，保护环境。

（二）气田开发方案主要内容

开放方案主要包括总论、市场需求、地质与气藏工程方案、钻井工程方案、采气工程方案、地面工程方案、开发建设部署与要求、健康安全环境评价、风险评估、投资估算及经济评价等。

1. 总论

总论主要包括气田自然地理及社会依托条件、矿权情况、区域地质、勘探与开发简史、开发方案主要结论及推荐方案的技术经济指标等。

2. 市场需求

市场需求包括目标市场、已有管输能力、气量需求、气质要求、管输压力、价格承受能力等。

3. 地质与气藏工程方案

地质与气藏工程方案主要内容包括气藏地质、储量分类与评价、产能评价、开发方式论证、井网部署、开发指标预测、风险分析等。通过方案比选，提出推荐方案和两个备选方案，并对钻井工程、采气工程和地面工程设计提出要求。

（1）气藏地质研究

气藏地质研究主要内容包括地层与构造特征、沉积环境、储层特征、流体性质与分布、渗流特征、压力和温度、气藏类型及地质建模。

（2）储量分类与评价

应充分利用动静态资料，分层系、分区块对已探明储量进行分类，并评价储量的可动用性。按照不同技术、经济条件，评价技术、经济可采储量，并分析可采储量风险。

（3）产能评价

应综合研究试气、试井和试采资料，确定单井合理产量；通过对采气速度等指标的研究，结合市场需求，确定气田合理开发规模。

（4）开发方式

开发方式和井网部署应按照有利于提高单井产量和储量动用程度、保证气田稳产、获得较高经济效益、满足安全生产要求的原则，进行多方案优化必选。对多产层气藏、气水关系复杂和气井分布井段跨度大的气藏，应合理划分开发层系。对能够应用水平井、多分支井有效开采的气藏，应优先采用水平井、多分支井开发。对非均质性强的气藏，应采用非均匀布井，并根据储层特征等优选井型。

（5）气田开发指标

应在地质模型基础上应用数值模拟方法对全气藏进行 20 年以上的开发动态预测，主要包括生产井数、油气水产量、压力、稳产年限、稳产期末采出程度、预测期末采出程度等。大型气田要求稳产 10 年至 15 年，中型气田要求稳产 7 年至 10 年。

（6）风险分析

风险分析主要是对储量、产量和水体能量等的不确定性，并制定相应的风险削减措施。

4. 钻井工程方案

应以地质与气藏工程方案为基础，满足采气工程的要求。主要内容包括已钻井基本情况及利用可行性分析、地层压力预测、井深结构设计、钻井装备要求、井控设计、钻井工艺要求、储层保护要求、录井和测井要求、固井及完井设计、健康安全环境要求及应急预案、钻井周期预测及钻井工程投资测算等。

5. 采气工程方案

应以地质与气藏工程方案为基础，结合钻井工程方案进行编制。主要内容包括完井和气层保护，增产工艺优选，采气工艺及其配套技术优选，防腐、防垢、防砂和防水合物技术筛选，生产中后期提高采收率工艺选择，对钻井工程的要求，健康安全环境要求及应急预案，投资测算。

6. 地面工程方案

应以地质与气藏工程、钻井工程、采气工程方案为依据，按照"安全、环保、高效低耗"的原则，在区域性总体开发规划的指导下，结合已建地面系统等依托条件进行编制。主要内容包括：地面工程规模和总体布局，集气、输气工程，处理，净化工程，系统配套工程与辅助设施，总设计图，节能，健康安全环境要求及应急预案，组织机构和人员编制，工程实施进度，地面工程主要工作量及投资估算等。

7. 其他需要注意事项

（1）对气区安全平稳供气具有重要意义的气田应论证备用产能。备用产能大小应结合气田产能规模和产供特点综合论证，井口备用能力和配套的净化、处理能力一般按气田产能规模的 20%～30% 设计。

（2）开发方案应按照"整体部署、分期实施"的原则，提出产能建设步骤，明确各年度钻井工作量和地面分期工程量，为年度开发指标预测和投资估算提供依据。

（3）健康安全环境评价是开发方案中的重要组成部分。

（4）风险评估主要针对方案设计动用的地质储量规模、开发技术的可行性、主要开发指标预测以及开发实施与生产运行过程中存在的不确定性分析和评估，并提出相应的削减风险措施。

（5）投资估算与经济评价是对地质与气藏工程方案及相应的配套钻井工程、采气工程、地面工程、健康安全环境要求及削减风险措施等进行投资估算和经济评价，为开发方案优选提供依据。

（6）应综合考虑开发效益以及健康安全环境可行性，系统分析方案承受风险的能力，经多方案技术、经济综合比选，提出推荐方案。

（7）对特殊气藏类型及特点，应采用相适应的开发技术对策。比如凝析气藏开发，对凝析油含量大于 $50g/m^3$ 的气藏，应进行相态研究和开发方式必选。开发方式选择应综合研究凝析气的地质特征、气藏特征、凝析油含量和经济指标等因素，优化确定。井位部署、井型选择应有利于提高凝析油采收率。再如，对于酸性气藏开发，应将重点放在气田开发过程中的安全、环保、防腐和天然气集输、净化处理等技术的研究上。

（8）气田开发调整方案重点是通过地质再认识、评价开发效果、分析存在问题与开发潜力，确定调整目标和原则，论证调整主体技术可行性、调整工作量，并预测调整后的技术经济指标。

二、气藏开发层系划分与组合

中国石油的天然气田复杂，一个气田往往由区域上多个区块或气藏构成，而单一气藏纵向上又通常发育多个不同气层。为了更好地开发这类气田，需要进行开发层系划分。通常情况下，把地质特征与流体性质相近、具有统一压力系统的若干气层组合在一起，单独用一套井网开发。把纵向跨度太大、具有不同压力系统与流体性质、无法采取统一增产措施等条件的多个气层采用不同井网开发，尽量避免在开发过程中出现或减少层间矛盾。以此为基础，进行井网优化部署，制订开发方案。

（一）划分开发层系的意义

（1）合理划分和组合开发层系，有利于充分发挥各类气层的作用，将特征相近的气层组合在一起，用独立的井网开采，有利于缓和层间矛盾，有利于发挥各类气层的生产能力，这是实现气田稳产、高产，提高采收率的一项根本性措施。

（2）合理划分和组合开发层系是部署井网和规划气藏开发和矿场集输两大开发系统及生产措施的基础。

（3）采气工艺技术发展的水平也要求进行层系划分和组合。

（4）气田的高速开发也要求进行层系划分和组合。

（二）开发层系划分与组合的方式

目前，对于长井段、多层组气藏而言，气藏开发层系的划分主要有以下三种开发方式：

1. 多层组合采

把所有气层一次射开、联合开发，这种开发方式在川西新场气田开发中在极少数气井曾尝试过,单井产量高于其他气井,开发效果好。这种方法在气驱气藏或边水不活跃和砂岩胶结较好的气藏中是可行的,缺点是层间干扰严重。

2. 逐层开采

先射开深部层位的气层进行开采,当其产量大幅度递减或边水入侵造成气井产量锐减后,就把该层封堵,再逐步上返浅部气层射开生产。这种开发方式的优点是避免了层间干扰,不存在因一个气层产水或误射水层而影响其他气层组开采的情况,在测井解释和识别气层方法没有成功把握的情况下是可行的。但这种方式的缺点是气井产能低,单层可采储量低,气井试修作业多,生产效率低。这种开发方式在吉林省的一些气藏开发中曾采用过,由于气井要频繁上返作业,开发效果差。俄罗斯的许多巨型气藏与凝析气藏多采用逐层开采方式,先易后难,有时也先开采浅部主力气层。

3. 组合层系开采

对长井段的多气层进行合理组合,划分开发层系,确定射孔和配产方案,使每一个开发层系能控制一定规模的储量和足够高的生产能力,尽可能减少层间干扰,按层系部署开发井网,使气田具有较长的稳产期和较高的采收率。

(三)划分开发层系的原则

气藏类型不同,其开发层系划分的原则虽有所不同,但总体上大致应遵循如下原则:

(1)纯气层、有水气层、含凝析油的气层应分别组合开发层系,每套层系的构造形态、气水(油)边界、储层性质、天然气性质、压力系统应大体一致,以保证各气层对开发方式和井网具有共同的适应性,减少开发过程中的层间矛盾。

所谓气层性质相近,主要体现在:① 相近的沉积环境;② 构造形态相近,气水边界和驱动类型大体一致,减少边部气层交错程度;③ 组合层系的基本单元的纵向渗透率差异不大;④ 组合层系基本单元的含气面积分布接近;⑤ 气层内非均质程度接近,渗透率在平面上的分布差异不大。

(2)划分出的每套开发层系都应具备一定的储量和单井产能,能满足开采速度和稳产期的需要。

（3）不同层系之间要有良好的隔层加以分隔。

（4）同一开发层系的气层组跨度不宜过长，上、下层的地层压差要维持在合理范围内，使各产层均能正常生产。

第二节　井型井网优化部署

气藏开发层系确定后，在哪儿打井及采用什么样的井型与井网，属于开发井网优化部署的核心，井网部署既要考虑地质条件，又要考虑地面情况。井网优化与部署是气田开发的重要组成部分，这不仅是因为气田钻井的投资几乎占开发总投资的一半，它还影响着矿场及其他建设的投资。与油藏不同，天然气的流动性远好于原油，不需要考虑注采井网。因此，在气藏开发过程中井网部署通常没有严格的要求。实际优化部署过程中，在地质条件和地面条件允许的前提下，以开发效益和采收率为目标开展井网设计。当然，不同地质条件的气藏，井型选择不一样，开发井网优化部署差异也很大。

一、气田开发井网部署的特点

不同类型气藏地质条件差异导致开发井网井距变化也很大，通常情况下，气田井网优化部署时应注意以下几点：

（1）气体流动性好，气藏开发的井距要比油藏开发的井距大。理论上一口气井可采出整个气藏的储量，采出量不受井网密度的影响，气井井距可以很大，但在实际应用中还要考虑气藏的地质情况、天然气需求量及开发指标要求等因素。各国的井网井距不尽一致。

（2）气井开采时具有比油井更高的渗流速度。气体渗流在近井地带往往不符合达西渗流定律，可出现紊流和惯性力，故气井的压力损失更集中于近井地带。近井带的渗透性对气井产能影响甚大，也直接影响到井网井距。因此，气井应更重视改善完井方式和增产措施。

（3）气藏的采收率高，开发方式简单。世界上已枯竭气藏的天然气采收率统计表明，定容气驱气藏采收率为80%～95%。弹性水驱气藏为45%～60%。除富含凝析油的凝析气藏外，衰竭式开发是气驱气藏的最佳开发方式，开发方式和井网部署较油田要简单一些。

（4）地层水对气井开采的影响不能低估。一般来说，储层中水为润湿相，气为非润湿相，水总是沿着孔壁和裂缝呈连续流动的，而气体则常是断续流动，易造成卡断和绕流，被水所封闭。如果水侵入近井带，地层中呈气水两相流动后，会大幅度降低气相相对渗透率，影响气井的产能。因此，水驱气藏布井时，要尽可能地远离边、底水，控制产层的厚度，合理控制生产压差和采气速度，防止边水的舌进和底水的锥进，尽可能地延长气井无水开采期。

二、气藏开发井网部署的原则

气藏开发井网部署应以提高储量动用程度和采收率、提升气藏开发经济效益为主要目标，具体部署时应考虑以下原则：

（一）"因地制宜" 的原则

（1）不同气藏应有不同井网部署特点。
（2）不同构造形态应有不同井网系统。
（3）不同构造部位应有不同井网密度。
（4）应尽力寻找高产富集区。

（二）"均衡开采" 的原则

（1）所有类型气藏都要尽可能保持全气藏的均衡开采，在此条件下储量才能动用充分，稳产期才会长，采收率才会高。
（2）水驱气藏更要注意均衡开采，避免在气藏产气部位形成大的压降漏斗，防止边水舌进或底水锥进。
（3）异常高压气藏也要保持均衡开采，防止生产压差造成岩石变形、裂缝和孔隙闭合，形成分割的压力系统。

（三）"水驱气藏要尽量延长气井无水开采期" 的原则

布井要尽可能远离边、底水，力求延长气井的无水开采期。

(四)"高低渗透、高低产区协调发展"的原则

对于中型或小型气藏,通过高渗透区采低渗透区的气在一定程度上是可行的,可避免或减少打无效、低效井,提高气藏开发的经济效益。对于大型气藏,如果中渗透区、低渗透区分布面积大,而高渗透区分布面积相对较小,即使高渗透区提高采气速度也只能采出低渗透区的少部分气,仅靠高渗透区开采是远远不够的,只能采用"高密低稀"(高渗透区采用稀井网、大井距)的井网系统,将高渗透区与低渗透区的采气速度保持一定比值情况下开采,才能在兼顾经济效益和采气速度两个方面下,进行气藏开发的优化布井。

(五)"裂缝性碳酸盐岩气藏要努力寻找裂缝发育带和采取'三占三沿'布井"的原则

川渝气区裂缝性碳酸盐岩气藏在长期勘探开发实践中形成了行之有效的"三占三沿"布井原则,即占高点沿长轴、占鞍部沿扭曲、占鼻凸沿断裂。尽力寻找裂缝发育带和高产集区,掌握这类气藏布井的主动权。

(六)"立体开发,层系与井网有效组合"的布井原则

(1)纵向上,各层系开发要做到整体规划、立体开发。

(2)层系划分组合和井网部署上既要考虑每套层系各自开发的要求,又要综合考虑层系接替和一井多层开采的方式。尽可能做到用最少的井网数开发最多的层系。地面建设上也要整体规划、分步实施。

(3)独立开发层系中各气层也有差异,采取"分层布井,层层叠加,综合调整"的方法,选择适应大多数含气层的井网。此外,还应把射孔方案的优化纳入井网部署的方案中来。

(七)"井网部署分步实施"的布井原则

在平面上,井网部署也不可能一次完成,应有计划地分步实施。油田开发中"多次布井"的做法对整装大气田的开发值得借鉴。

(八)"因地制宜发展丛式井、水平井和复杂结构井"的布井原则

对于低渗透—致密气田、凝析气田、油环凝析气田、底水气田和高含硫气田等，以及地处恶劣地貌条件的气田，都应因地制宜地发展丛式井组、水平井和复杂结构井。但目前这类井的井网部署原则和方法有待进一步发展。

(九)"留有余地"的布井原则

井网部署中必须考虑预备井，其原因是为应对天然气用户季、月、日用气量的不均衡性，以及突发事件应急预案，故要安排一定数量的调峰井；需要定期关井和录取资料；需要考虑可能的修井和井下作业；气藏内部和外围水层应安排观察井；复杂气藏中还应考虑开发井的钻井成功率。

(十)"经济效益"的布井原则

在进行井网部署的过程中，要求井网密度不能低于经济极限井网密度，同时尽量把井布在构造有利部位和高渗透区、高产区，避免或减少打无效和低效井，降低气藏开发成本，提高气藏开发经济效益。

三、井网密度、井网系统和布井步骤

根据上述井网部署原则，具体进行井网设计时，应以地质研究为基础，主要采用数值模拟技术，进行多套方案计算、对比和优化，论证单井最优控制面积和储量，论证获得最佳经济效益与较高采收率的井网系统、密度和井距。在设立对比方案进行数值模拟计算前，根据气田开发特点、气藏类型、驱动方式及相似气田的开发经验，进行井网井距对比方案的论证和计算。

(一) 井网密度

井网密度是气田开发的重要数据，它涉及气田开发指标计算和经济效益的评价。对一个固定的井网来说，其井网密度大小与井网系统(正方形或三角形等)和井距大小有关。随着井网密度的增大，天然气最终采收率增加，但开发气田的总投资也增加，而气田开发总利润等于总产出减总投入。当总利润最大时，就是合理的井网密度。当总产出等于总投入时，也就是总利润

为零时，所对应的井网密度就是经济极限井网密度。通常实际的井网密度介于合理和经济极限井网密度之间。

(二) 气藏开发井网系统

在气田开发实践中，主要有以下四种井网系统：按正方形或三角形井网均匀布井；环形布井或线状布井；在气藏顶部位布井；在含气面积内不均匀布井。下面介绍几种气藏的常用井网系统。

1. 衰竭式开发时的井网系统

气藏采用衰竭式开发，井网系统往往存在以下四种情况：正方形或三角形均匀布井系统、环状布井或线状布井及丛式布井、气藏顶部布井和不均匀布井。

(1) 正方形或三角形均匀布井。该井网系统适用于气驱干气气藏或凝析气藏，并且其储集性质相对均质。这种布井方式对确定开发指标是最简单也是最完善的。

(2) 环状布井或线状布井及丛式布井。这种井网系统主要取决于含气构造的形态。如椭圆形或圆形含气构造即可采用环状井网。

(3) 气藏顶部布井。无论气藏储层是什么岩性，一般在构造顶部储层物性较好，而向构造边缘储层性质逐渐变差。气藏顶部往往是高产分布区，把气井分布在气藏顶部还可以延长无水开采期。但一个明显的问题是开发后期会出现一个明显的压降"漏斗"。

(4) 不均匀布井。对非均质储层往往采用非均匀的井网系统。尤其是碳酸盐岩裂缝型储层，裂缝发育极不均一，气井钻遇裂缝就获得工业气流，未钻遇裂缝气井产量甚微或无天然气产出。因此，这类气藏不可能有固定格式的布井和井距。气井应布在构造受力强、易产生裂缝的构造部位，前面已经介绍过，通常采用"三占三沿"的布井原则。

2. 水驱气藏

水驱气藏布井相对气驱气藏来说更为复杂，由于在开发早期难以取得较详细的气藏水层地质资料，而中、后期又存在气水分布不均的问题，使得水驱气藏的布井问题复杂化。目前，国内外对水驱气藏井网系统有以下两种布井系统：

（1）均匀布井。在这种井网系统下，气藏顶部的气井可以射开全部储层厚度，而翼部的气井则应留出一段厚度。在储层岩性骤变的情况下，这种井网系统可以使透镜状地层和夹层也能投入开发，可增加可采储量。这种井网系统的优点是气井的产量较高、所需要的生产井数较少、采收率较高。

（2）在气藏顶部布井。利用气顶高产区使气井产量很快上升。但在开发过程中，气顶区会形成较大的压降"漏斗"，可能会使靠近两翼的气井过早水淹，进而使气田开发变得更加复杂。

（三）气藏开发的投产顺序

气藏开发的投产顺序，存在两种途径：一种是根据开发方案对井数的要求一次完钻投产；另一种是逐步加密井数接替式投产。随着市场经济的发展，第一种投产顺序已在气藏开发方案中尽量避免，因为一次钻完开发井并同时投产使得初始开发投资高，同时开发井一次投产，势必要降低各开发井的产量，这在技术经济指标上不是最佳的。目前，在钻井技术突飞猛进的情况下，同时考虑到气田的稳产接替及对气藏特征的认识是一个动态的过程，需要逐步加密钻井，逐步加深对气藏的认识，调整井网部署，降低开发风险，实现气田长期稳产。

（四）布井步骤

由于独立开发层系中各气层的地质特征和储层物性参数总存在着差异，需要采用"分层布井、层层叠加、综合调整"的方法，选出最优井网，其具体步骤如下：

（1）根据主力气层的渗透率、地层气体黏度，确定该层的平均井距，采取均匀布井的方式。

（2）根据各气层含气砂体在平面上的分布和气层物性情况，以平均井距为依据，适当地加以调整，使每个含气砂体至少分布有一口生产井。此外，对高渗透率的和低渗透率的地区，可酌情调整，是"低密高稀"还是"高密低稀"，要视具体的地质情况和数值模拟的计算结果而定。

（3）将各层井位叠加起来，再加以调整。位置重合的井位合并；位置接近的井位，根据各层岩性、物性情况，适当归并。最后，整理出比较规则的井网。设立几个（至少三个）布井对比方案。

（4）针对设立的布井方案，再对各非主要层进行补井，适当增加井数。

（5）对所选方案进行数值模拟效果预测，然后对比、优选出控制最大面积和储量的井网，最后综合考虑经济效益，选出最合理的布井方案（一般要提供三个备选方案供决策）。

第三节　气井产能与合理配产

不同气藏气井生产能力不同，在气藏投入开发前，首先要确定气井的合理产量。保持气井合理产量不仅可以使其在较低投入下较长时间稳产，还可使气藏在合理采气速度下获得较高采收率，从而获得较好的经济效益。

所谓气井合理产量，通俗地讲就是气井生产时的产量较高，并在此产量下有较长的稳定生产时间，确保气藏稳产期有较高的采出程度。严格定义则是采用生产系统分析方法，取在一定井口流压下的气井流入动态曲线和油管动态曲线相交点所对应的产量。气井合理产量必须在充分掌握气藏地下、地面有关测试资料，并通过产能试井或在生产系统节点分析的基础上编制出开发方案（或试采方案）来确定，矿场上称之为气井的定产。此外，把气井生产过程中因压力、产量随时间而递减后，重新确定一个合理的产量称为配产。

一、气井配产应遵循的原则

在气井配产的过程中，要遵循一些基本原则。

（一）气藏要保持合理的采气速度

气藏采气速度是指气藏建成后进入稳定生产期的年产量与其探明地质储量的比值，它是气田开发的一项重要指标。气藏年产量与其所有气井合理产量密切相关。气藏合理的采气速度应满足的条件如下：

（1）气藏应保持合适的稳产期。气藏的稳产期长短与气藏的储量和年产气量关系密切，大型气藏开发不仅要追求开发规模，还要有较长的稳产期。

（2）气藏压力均衡下降。保持气藏压力均衡下降可最大限度地动用气藏储量，可避免边（底）水的舌进和锥进，这对多层含水气藏的开发尤为重要。

（3）气井无水采气期长，无水期的采出程度高。对于边（底）水气藏开发，气藏采气速度应适度，尤其是裂缝、高渗条带发育的强非均质性气藏。

（4）气藏开发时间较短，而且采收率较高。

（5）所需井数少，投资低，经济效益好。

气藏经过试采确定出合理采气速度后，各井可按此速度允许的采气量并结合实际情况确定各井的合理产量。

（二）气井井身结构不受破坏

如果气井产量过大，对于胶结疏松、易垮塌的产层，高速气流冲刷井底会引起气井大量出砂；井底压差过大可能引起产层垮塌或油（套）管变形破裂，从而增加气流阻力，降低气井产量，缩短气井寿命。因此，确定的合理产量应低于气井开始出砂并使气井井身结构不受破坏的产气量。

如果气井产量过小，对于某些高压气井，井口压力可能上升甚至超过井口装置的额定工作压力，危及井口安全；对于气水同产井，产量过小，气流速度达不到气井自喷携液的最低流速，会造成井筒积液，对气井生产不利。对于产层胶结致密、不易垮塌的无水气井，大量的采气资料表明，合理的产量应控制在气井绝对无阻流量的 15%～20% 较好。

（三）考虑市场需求

在市场经济飞速发展的今天，没有下游工程，没有用户和市场，也就没有采气需求，更不可能有合理产量。因此，合理产量的确定必须考虑市场的需要。

（四）平稳供气、产能接替

连续平稳供气是天然气生产的基本要求。气井在生产过程中随着地层压力下降，产量最终不可避免要下降，产量下降速度主要与储量和产量大小有关。合理确定产量可以使气井产量的下降平稳，以保持阶段性相对稳产，既可满足平稳供气的需要，又可为新井产能接替争取时间。中国石油勘探与

生产分公司在《天然气开发管理纲要》中提出，大型中高渗透气田需要保持
10年至15年的稳产；储层物性与连通性好的中小型气藏，要求稳产7年至
10年。

二、气井试井技术

此处首先区别产能和产量两个概念。产能是指在一定井底回压下的气
井供气量，通常用绝对无阻流量来表示，它反映气井当前的生产能力，主要
受储层压力及地质条件的影响。产量则反映气井目前的生产现状，它既与气
井储层特性、地质储量有关，也与气井的生产能力、下游需求有关。准确评
价气井产能是确定气井合理产量的基础。气藏在开发过程中应持续开展气井
产能的再评价。

试井技术是确定气井产能的重要手段。气井试井是建立在渗流力学理
论基础上的一种对气井的现场试验方法，与地质、油层物理和测井等方法一
起构成认识气藏特征和气井动态的重要手段。根据气体渗流的特点，试井可
分为产能试井和不稳定试井两大类。

(一) 产能试井

产能试井是改变若干次气井的工作制度 (气井产量)，测量在不同工作
制度下的稳定产量及与之相对应的井底压力，从而确定测试井 (或测试层)
的产能方程和绝对无阻流量。产能试井是确定气井产能的重要手段之一。产
能试井方法可以解决以下问题：

(1) 确定储层物性参数，判断生产过程中井底周围渗透性能的变化。

(2) 确定气井产能。这是生产井确定合理产量的重要依据之一。

(3) 确定二项式和指数式产能方程，它是开发设计和动态预测必需的资料。

产能试井主要包括系统试井 (又称常规回压试井、稳定试井)、等时试
井、修正等时试井、一点法试井等。

(二) 不稳定试井

不稳定试井是改变测试井的产量，并测量由此而引起的井底压力随时
间的变化。这种压力变化同测试过程中的产量有关，也同测试层和测试井的

特性有关。因此，运用试井资料，并结合其他资料，可以测算测试层和测试井的许多特性参数，包括估算测试井的完井效果，估算测试井的控制储量、地层参数、地层压力，以及探测测试井附近的气层边界和井间连通情况等，是油气田勘探开发过程中认识地层和油气层特性并确定油气层参数的不可缺少的重要手段。

不稳定试井分析方法主要有常规试井和现代试井分析方法，其分析成果主要可以解决以下问题：

（1）推算地层压力：对于探井，可推算出原始地层压力的大小；对于开发井，推算出目前地层平均压力的大小。

（2）确定地下流体的渗流能力：确定地层流动系数、地层系数、地层平均渗透率的大小。

（3）判断措施井的选井：通过试井资料分析，确定地层表皮系数的大小，判断井的完善程度，根据污染系数的大小决定是否采取酸化、压裂等改造措施。

（4）判断改造措施效果：通过改造措施前后的测试资料分析成果，确定措施是否有效。对于酸化井，主要判断表皮系数是否减小。对于压裂井，除了判断表皮系数的大小外，还要检查是否出现压裂井的特征，并通过气井生产动态辅助识别。

（5）推算试井探测范围和估算单井控制储量：根据测试压力历史资料和分析所得的地层参数可推算探测范围的大小，结合地质静态资料即可估算单井控制储量和生产能力。

（6）判断储层边界性质、距离、形状和方位等：根据测试资料的特征反映判断储层边界性质，由曲线拟合分析得到各边界的距离，通过地质资料和其他井的测试分析资料得到边界的形状和方位。

（7）判断井间连通情况：判断井间是否连通、连通厚度是多少、连通渗透率大小等。

需要指出的是，在现有技术条件下所能取得的各种资料，如岩心分析、电测解释和试井等资料中，由于只有试井资料是在油气藏动态条件下测得的，故由此获得的参数才能较好地表征油气藏动态条件下的储层特征。

三、气井产能测试方法

中国石油在多年来的生产实践中非常重视气井产能评价工作，研究制定了多种气井产能评价的方法，实现对气田的储量、单井合理产量、稳产情况等多方面的准确认识。为了准确地获得气井产能，中国石油非常重视气井的产能测试工作，形成了不同阶段的系列产能测试方法。

(一) 中途测试

在钻井过程中发现了气流，进行裸眼测试，其所取资料可及时了解气层的产能状况。

(二) 完井测试

一口井完井后进行测试，不仅可了解气井完井后产能状况，还能分析钻井、完井过程中污染状况。

(三) 酸化 (或压裂) 后测试

完井后如果气层受伤害，则先进行酸化再进行测试，从而了解增产措施效果，以及增产措施后的产能状况。

(四) 产能测试

对于低渗透气井，采用了修正等时试井。在新地区、新气藏，利用修正等时试井或系统试井资料对一点法测试资料进行验证，确保评价结果的准确性。同时，利用干扰试井方法了解井间连通情况。

(五) 分层测试

采用生产测井进行分层测试，了解产层剖面上分层产气状况，确定各小层产能情况。

四、气井合理产量确定方法

气井合理产量确定是气田开发早期的一项重要工作，是科学开发气田的基础，其无阻流量是合理产量确定的重要依据。目前，针对常规气驱气藏和特殊类型气藏，形成了有针对性的合理产量确定方法，有效地指导了不同类型气藏的开发。

(一) 常规气驱气藏

对于常规气驱气藏，此处简要介绍几种现场常用的合理产量确定方法及原理。

1. 经验法

该法是国内外油气田开发在大量生产实践中总结出来的合理产量评价的经验方法。它是按绝对无阻流量的 1/5～1/6 作为气井生产的产量，无更多理论依据可循。通常不同气藏及不同气藏的不同类型气井也有各自不同的经验比例。因此，经验法确定气井产量的先决条件是需要求出气井的绝对无阻流量。该方法未考虑气井的稳产年限，但十分简便。

2. 采气曲线法

该法着重考虑的是减少流体在井筒附近渗流的非达西效应以确定气井合理产量。

3. 最优化方法

该法是气井在多种因素条件下的多目标优化方法。以气井产量和采气指数最大为目标，以非达西效应小、生产压差不超过额定值和地层压力下降与采出程度关系合理作为约束条件的一种合理产量确定方法，最优化数学模型分别从以下五个方面考虑：

(1) 从经济角度出发，要求气井产能越大越好。

(2) 从气井产能考虑，要求气井产能越大越好。

(3) 考虑地层岩石性质，井底生产差压不易过大。

(4) 从渗流角度出发，避免产生非线性流效应。

(5) 单位压降产量越大越好。

该法是一项综合系统分析技术，认为气井的生产是一个不间断的连续流动过程 (称之为系统生产过程)。气井系统生产过程包括气液克服储层的阻力在气藏中的渗流，克服完井段的阻力流入井底，克服管线摩阻和滑脱损失沿垂管 (或倾斜管) 从井底向井口流动，克服地面设备和管线的阻力沿集输气管线的流动。

4. 数值模拟法

该法是从全气藏出发，每口井的产量都同气藏的开发指标相联系，同时考虑了气藏开发方式和生产能力，以及各井生产时可能产生的干扰。因此，用这种方法更符合生产实际。该方法不仅可以同时对各井生产效果通过生产史拟合进行检验，还可提供多种生产指标的方案供选择。

在实际开发方案编制过程中，通常采用上述多种方法综合确定气井合理产量。

（二）特殊气藏

对于特殊类型气藏，气井合理产量的确定往往需要结合现场动态资料和气藏开发特征来确定。

1. 疏松砂岩气藏

对于疏松砂岩气藏，应首先确定其合理的生产压差。从防砂的角度出发，采用实验室模拟法、声波时差法、防斜法或"C"公式法等多种方法，经综合分析确定气井的临界生产压差。为确保气井生产时不出砂，一般取临界生产压差的1/2作为最大安全合理生产压差，再计算气井不同开发层序的合理产量。如青海气田第四系疏松砂岩气藏，在研究各开发层系合理产量时，首先取各个层系的岩样作室内流速出砂实验（包括现场出砂试验），实验所确定的平均临界生产压差（2.91MPa）为地层压力（14.63MPa）的19.91%，取1/2则为地层压力的10%左右。根据储层浅部比深部胶结程度差、更易出砂的特点，第一开发层系至第四开发层系的最大安全合理生产压差分别取地层压力的5%~10%。在最大安全合理生产压差条件下确定出气井合理产量，再利用经验法按照绝对无阻流量的1/5~1/3进行配产，取两者结果中最小值作为该层合理产量。

2. 水驱气藏

由于地质条件复杂，水驱气藏气井合理产量很难用一个通用的数学表达式来计算，主要靠气藏地质特征及现场生产动态资料综合确定。底水气藏气井的"临界压差"是指能控制底水水窜高度小于井底至裂缝气水界面高度的气井最大生产压差。临界压差下的产气量即"临界产量"。对于均质底水气藏，一般采用各种水锥计算公式来确定气井合理产量。而对于非均质底水气藏，实际生产动态很难与水锥公式计算结果相一致。目前，普遍采用的方法是，通过对气井产出水中某一二种组分的监测来确定临界产量。这种方法便于现场应用，能及时发现气井水侵的动态，采取措施，避免气井过早出水，造成不可挽回的后果。

3. 异常高压气藏

异常高压气藏气井的合理产量也可用前面介绍的采气曲线法、生产系统分析法、数值模拟法、最优化方法等多种方法综合评价确定。异常高压气藏气井产量通常较高，气流流速过大会引起油管的严重冲蚀。因此，将产量控制在合理范围内、避免产生冲蚀，是异常高压气井生产的关键。

第三章　页岩气开发利用技术

第一节　页岩气开发技术

一、页岩气钻井技术

页岩气井钻井包括直井和水平井两种方式。直井主要用于试验，了解页岩气藏特性，获得钻井、压裂和投产经验，并优化水平井钻井方案。水平井主要用于生产，可以获得更大的储层泄流面积，得到更高的天然气产量。与直井相比，水平井在页岩气开发中具有无可比拟的优势：① 水平井成本为直井的 1.5～2.5 倍，但初始开采速度、控制储量和最终评价可采储量却是直井的 3～4 倍；② 水平井与页岩层中裂缝（主要为垂直裂缝）相交机会大，明显改善储层流体的流动状况；③ 在直井收效甚微的地区，水平井开采效果良好；④ 减少地面设施，开采延伸范围大，避免地面不利条件干扰。

(一) 丛式井钻井技术

页岩气钻井普遍采用丛式井技术，可采用底部滑动井架钻丛式井组。每井组钻 3～8 口单支水平井，水平井段间距 300～400m。用丛式井组开发页岩气的优点如下：① 利用最小的丛式井井场，使钻井开发井网覆盖区域最大化，为后期批量化的钻井作业、压裂施工奠定基础，使地面工程及生产管理得到简化。② 实现设备利用的最大化。多口井依次一开，依次固井，依次二开，再依次固完井。钻井、固井、测井设备无停待。井深 1500m 左右的致密砂岩气井丛式井单井平均钻井周期仅为 2.9d，垂深 2500m 左右、水平段长 1300m 的页岩气丛式水平井平均钻井周期仅为 27d。③ 钻井液重复利用，减少钻井液的交替。多口井一开、二开钻井液体系相同，重复利用；尤其是三开油基钻井液的重复利用特别重要。④ 压裂施工的工厂化流程，能够在一个丛式井平台上压裂 22 口井，极大地提高效率。

(二) 水平井技术

在页岩气开发应用中有以下几个关键环节:

1. 轨道设计

水平段井眼位置主要依据页岩层的物性,水平段方位的设计主要依据地应力资料。水平井形式包括单支、多分支和羽状水平井。当前,美国页岩气开发中主要应用的是单支水平井。

水平井段与井眼方位应选择在有机质与硅质富集、裂缝发育程度高的页岩层段,水平井的方位角及进尺对页岩气产量有着重要影响。理论上讲,在与最大水平应力方向垂直的方向上进行钻井,可使井筒穿过尽可能多的裂缝带,从而优化在压裂过程中流出井筒和在生产过程中流入井筒的情况,提高页岩气采收率。

在钻井过程中,井眼穿过裂缝。FMI 全井眼微电阻率扫描成像测井显示出水平井钻遇的裂缝和层理特征。钻井引发的裂缝出现在钻井轨迹顶部与底部,终止于井筒应力最高的侧面。井筒钻穿的天然裂缝垂直穿过井筒顶部、底部和侧面。图中颜色较深的黄铁矿结核非常明显,与层理面平行出现。一般水平段越长,最终采收率和初始开采速度也就越高。据美国公布的数据,最有效的水平井进尺包括造斜井段,一般为 914 ~ 1219m。

2. 随钻测量与地质导向

采用地质导向技术,确保在目标区内钻进,避免断层和其他复杂构造区。随钻测井技术(LWD)和随钻测量技术(MWD)可以使水平井精确定位,同时作出地层评价,引导中靶地质目标。如今,将 MWD 技术应用于水平井钻井,能够实时监控关键钻井参数;将自然伽马测井曲线应用到水平井钻井中,可以进行控制和定位;将钻井随钻测量数据和地震数据进行对比,控制钻头在有机质丰富、自然伽马值高的有利区域钻进。

3. 轨迹控制技术

对于位移不大、储层均质性较好、难度一般的水平井钻井,在常规液相钻井液条件下,稳定器钻具组合和弯外壳螺杆钻具与 MWD 组合,可以实现斜井段与水平段的轨迹控制,用随钻伽马一条曲线即可实现地质导向钻井。

对于位移较大、难度较高的水平井,使用旋转导向钻井技术钻进,可以钻出更加光滑、更长的水平段。在水平井钻井中，采用旋转钻井导向工具，可以形成光滑的井眼，更易获得较好的地层评价。

水平段钻井一般采用 PDC 钻头，尽量提高钻头寿命，延长单趟钻进尺，有的水平井水平段用一只 PDC 钻头一趟钻完成，快速钻井减少井下复杂情况的出现。

(三) 钻井液技术

页岩气钻井过程中，尤其是钻至水平段，由于储层的层理或者裂缝发育、蒙脱石等吸水膨胀性矿物组分含量高，而且水平段设计方位要沿最小主应力方向，是最不利于井眼稳定的方向，因此，钻井液体系选择要考虑的主要因素包括防止黏土膨胀、提高井眼稳定性、预防钻井液漏失和提高钻速。直井段 (三开前) 对钻井液体系无特殊要求，主要采用水基泥浆。水平段钻井液主要采用油基泥浆。

(四) 欠平衡与气体钻井技术

采用欠平衡钻井技术，实施负压钻井，避免损害储层。欠平衡钻井技术有助于保护储层和提高钻速，在成本允许的情况下应该提倡应用。至今没有发现用气体钻井的情况，页岩气储层产气量小，若不含水，可以尝试使用空气钻井技术或雾化、泡沫钻井技术，进一步提高机械钻速，并保护储层。

(五) 固井与完井技术

页岩气固井水泥浆主要有泡沫水泥、酸溶性水泥、泡沫酸溶性水泥以及"火山灰 +H 级水泥"4 种类型。其中，火山灰 +H 级水泥成本最低，泡沫酸溶性水泥和泡沫水泥成本相当，高于其他两种水泥，是"火山灰 +H 级水泥"成本的 1.45 倍。

页岩气井的完井方式主要包括套管固井后射孔完井、尾管固井后射孔完井、裸眼射孔完井、组合式桥塞完井、机械式组合完井等。

套管固井后射孔完井的工艺流程是：在套管固井后，从工具喷嘴喷射出的高速流体射穿套管和岩石，达到射孔的目的，通过拖动管柱进行多层作业。其优点是免去下封隔器或桥塞，缩短完井时间，工艺相对成熟简单，有利于后期多段压裂，缺点是有可能造成水泥浆对储层的伤害。美国大多数页岩气水平井均采用套管射孔完井。

尾管固井后射孔完井的优点是有利于多级射孔分段压裂，成本适中，但工艺相对复杂，固井难度较大，可能造成水泥浆对储层的伤害。裸眼射孔完井能够有效避免水泥浆对储层的伤害，避免注水泥时压裂地层，避免水泥侵入地层的原有孔隙当中，工艺相对简单，成本相对较低，缺点是后期多级射孔分段压裂难度较大，不易控制，后期完井措施难度加大。尾管固井后射孔完井及裸眼射孔完井在页岩气钻完井中不常用。

组合式桥塞完井是在套管中用组合式桥塞分隔各段，分别进行射孔或压裂。这是页岩气水平井最常用的完井方法，其工艺流程是下套管、固井、射孔、分离井筒。但由于需要在施工中射孔、坐封桥塞、钻桥塞，也是最耗时的一种方法。

机械式组合完井是目前国外采用的一种新技术，采用特殊的滑套机构和膨胀封隔器，适用于水平裸眼井段限流压裂，一趟管柱即可完成固井和分段压裂施工。施工时将完井工具串下入水平井段，悬挂器坐封后，注入酸溶性水泥固井。井口泵入压裂液，先对水平井段末端第一段实施压裂；然后通过井口落球系统操控滑套，依次逐段进行压裂；最后放喷洗井，将球回收后即可投产。膨胀封隔器的橡胶在遇到油气时会自动发生膨胀，封隔环空、隔离生产层，膨胀时间也可控制，目前主要有 Halliburton 公司的 Delta Stim 完井技术。

二、页岩气压裂技术

页岩储层厚度薄，渗透率低，水平井加多级压裂是目前美国页岩气开发应用最广泛的方式，压裂现场非常壮观。目前，常用的技术有多级压裂、清水压裂、水力喷射压裂、重复压裂和同步压裂等。在美国页岩气开发中使用过的储层改造技术还有氮气泡沫压裂和大型水力压裂，氮气泡沫压裂目前还使用在某些特殊条件的页岩压裂作业中，大型水力压裂由于成本太高，对地层伤害大已经停止使用。

（一）多级压裂

多级压裂是利用封堵球或限流技术分隔储层不同层位进行分段压裂的

技术。多级压裂能够根据储层的含气性特点对同一井眼中不同位置地层进行分段压裂，其主要作业方式有连续油管压裂和滑套完井两种。多级压裂技术是页岩气水力压裂的主要技术，在美国页岩气生产井中，有85%的井是采用水平井和多级压裂技术结合的方式开采，增产效果显著。

多级压裂的特点是多段压裂和分段压裂，它可以在同一口井中对不同的产层进行单独压裂。多级压裂增产效率高，技术成熟，适用于产层较多，水平井段较长的井。页岩储层不同层位含气性差异大，多级压裂能够充分利用储层的含气性特点使压裂层位最优化。在常规油气开发中，多级压裂已经是一个成熟的技术，国内有很多成功应用的实例。多级压裂技术用于我国的页岩气开发有一定的技术基础，是可行的压裂技术。

(二) 清水压裂

清水压裂是利用大量清水注入地层诱导产生具有足够的几何尺寸和导流能力的裂缝以实现在低渗的、大面积的净产层里获得天然气工业产出的压裂措施。清水压裂利用储层的天然裂缝注入压裂液，使地层产生诱导裂缝，在压裂过程中，岩石碎屑脱落并沉降在裂缝中，起到支撑作用，使裂缝在压裂液退去之后仍保持张开。

添加剂在压裂液中所占的比例很小，不足压裂液总量的1%，但对提高页岩气井的产量来说却是至关重要的。

(三) 水力喷射压裂

水力喷射压裂是用高速和高压流体携带砂体进行射孔，打开地层与井筒之间的通道后，提高流体排量，从而在地层中打开裂缝的水力压裂技术。

当页岩储层发育较多的天然裂缝时，如果用常规的方式对裸眼井进行压裂，大而裸露的井壁表面会使大量流体损失，从而影响增产效果。水力喷射压裂能够在裸眼井中不使用密封元件而维持较低的井筒压力，迅速、准确地压开多条裂缝。

水力喷射压裂能够用于水平井的分段压裂，不受完井方式的限制，尤其适用在裸眼完井的井眼中，但受到压裂井深和加砂规模的限制。

(四) 重复压裂

重复压裂技术用于在不同方向上诱导产生新的裂缝，从而增加裂缝网络，提高生产能力。如果初始压裂已经无效，或现有的支撑剂因时间关系已经损坏或质量下降，那么对该井进行重复压裂将重建储层到井眼的线性流。该方法可以有效改善单井产量与生产动态特性，在页岩气井生产中起着积极作用，压裂后产量接近甚至超过初次压裂时期。如果要使重复压裂获得成功，必须评估重复压裂前后的平均储层压力、渗透率厚度乘积和有效裂缝长度与导流能力等。所以，重复压裂的实施离不开室内实验的帮助。

一般重复压裂都是在已生产了几年的井中进行的，长时间的生产引起了在初始裂缝椭圆形区域的局部空隙应力重新分布，储层压力减小，从而改变了储层压力状态。由于裂缝周围应力干扰区域的延伸形状，最小和最大水平主应力有时会发生改变，如最大应力变为最小应力，或反过来。如果两水平应力的倒转足够大或初始压裂产生的裂缝被有效封堵了，那么就会形成重复压裂再定向的适宜条件。在这种条件下，新的裂缝可在90°方向传播到初始裂缝，直至到达应力紊乱区。在两水平应力相等以外部分，新裂缝的方向与原始裂缝相同或在其原始裂缝平面上发展。如果渗透性是各向异性的，那么在裂缝附近的椭圆形区域内，应力的衰减规律将更加复杂。

(五) 同步压裂

除了上述几种技术外，还有最新的同步压裂技术，即同时对两口或两口以上的井进行压裂。在同步压裂中，压力液及支撑剂在高压下从一口井沿最短距离向另一口井运移，这样就增加了裂缝网络的密度及表面积，从而快速提高页岩气井的产量。目前已发展到3口甚至4口井间同时压裂。

三、水力压裂裂缝监测技术

(一) 测斜仪裂缝监测

测斜仪裂缝监测技术是通过在地面压裂井周围和邻井井下布置两组测斜仪来监测压裂施工过程中引起的地层倾斜，经过地球物理反演计算确定压裂参数的一种裂缝监测方法。测斜仪在地表测量裂缝方向、倾角和裂缝中心的大致位置，在邻井井下可以测量裂缝高度、长度和宽度参数。

页岩气井水力压裂过程在裂缝附近和地层表面会产生一个变位区域，这种变位典型的量级为十万分之一米，几乎是不可测量的。但测量变形场的变形梯度即倾斜场是相对容易的，裂缝引起的地层变形场在地面是裂缝方位、裂缝中心深度和裂缝体积的函数。变形场几乎不受储层岩石力学特性和就地应力场的影响。

测斜仪在两个正交的轴方向上测量倾斜，当仪器倾斜时，包含在充满可导电液体的玻璃腔内的气泡产生移动，以便与重力矢量保持一致。精确的仪器探测到安装在探测器上的两个电极之间的电阻发生变化，这种变化是由气泡的位置变化所引起的。

(二) 直接近井筒裂缝监测

直接近井筒裂缝监测，是在井筒附近区域通过对压裂后页岩气井的流体物理特性，如温度或示踪剂等进行测井，从而获得近井筒范围裂缝参数信息。这类裂缝监测技术通常作为选择应用技术的补充，主要包括放射性同位素示踪剂法、温度测井、声波测井、井筒成像测井、井下录像和多井径测井技术。

放射性同位素示踪剂法是在压裂过程中将放射性示踪剂加入压裂液和支撑剂，压裂之后进行光谱伽马射线测井；温度测井用于测量由于压裂液注入导致地层温度的下降，将压裂后测井和基线测量进行比较，可以分析得到吸收压裂液最多的层段；声波测井利用压裂液进入井筒的声音变化情况能够确定压裂液流动的差异，从而得到井筒裂缝的大致高度；井筒成像测井可以获得天然和诱导裂缝的定向图，这些可以提供有关最小主应力方向的信息；井下录像可以直接观察不同射孔方向的压裂液流情况，从而确定井筒附近裂缝的扩展情况；多井径测井（又称为椭圆度测井）可以提供井筒崩落的方向和椭圆率，这可以解释最大主应力方向，由于裂缝的延伸方位与最大主应力方向一致，可获得裂缝的延伸方位。

直接近井筒裂缝监测技术需要在压裂后马上测量，不具备实时监测的功能。而且很多方法仅能获得近井筒范围内的裂缝参数，如放射性同位素示踪剂测井。如果沿井筒方向的裂缝高度很高或者不完全沿井筒方向扩展，则会造成仪器测不到，无法获得裂缝扩展更细节的信息。

(三) 分布式声传感裂缝监测

分布式声传感裂缝监测（DAS）方法是利用标准电信单模传感光纤作为声音信息的传感和传输介质，可以实时测量、识别和定位光纤沿线的声音分布情况。

分布式声传感裂缝监测（DAS）系统将传感光纤沿井筒布置，采用相干光时域反射测定法（C-OTDR），对沿光纤传输路径的空间分布和随时间变化的信息进行监测。该技术的主要原理是，在传感光纤附近由于压裂液流的变化会引起声音的扰动，这些声音扰动信号会使光纤内瑞利背向散射光信号产生独特、可判断的变化。地面的数据处理系统通过分析这些光信号的变化，产生一系列沿着光纤单独、同步的声信号。

每个声信号相应于光纤上 1 ~ 10m 长的信道，比如 5000m 长的井下光纤按 5m 长信道可以产生 1000 个信道。将所收集的原始声音信号数据传送到处理系统，对这些信号进行解释处理和可视化输出。

通过实时分析 DAS 地面系统所采集的数据，可以获得压裂液和支撑剂的作用位置，实现优化压裂液和支撑剂作用位置，通过诊断压裂设计的效果，在施工过程中和后续施工中实现成本优化。

四、微地震监测技术

(一) 裂缝事件基本概念

单个微地震事件是由水力压裂产生的裂缝破裂产生的，但在压裂过程中裂缝不会单个产生，而是沿着裂缝发育或者以主裂缝为中心向周边生长出多个子裂缝，甚至会出现一个裂缝发生多个微地震事件的情况。在这种情况下，在空间上会出现一个一个的裂缝簇（震源多于两个），在每个裂缝簇中的每个裂缝破裂时所产生的微地震信号在微地震监测记录中波形都会有一定的相似性。

通常情况下，单条裂缝对储集层的储集空间和渗滤通道并没有实际意义，只有那些局部区域产生破坏，形成一组裂缝群或裂缝系统才能改善和提高储集层的物性。一般情况，在同一地质时代，同一构造环境下，所形成的群体裂缝，其发育强度、群体平均方位、力学性质均有优势趋向，尽管单条裂缝之间可能存在较大差异，但对储集层的储集空间和渗滤通道是由裂缝系的平均性质决定的。

储层裂缝震源的几何参数是判断压裂对储层改善效果的重要依据。对于微地震记录而言，在有效事件中主要能够得到的是微地震震源的能量信息，震源的能量与断层面积、断距有关，他们之间存在关系。在多个参数未知的情况下，单纯根据地震波能量无法得到裂缝的准确性质，但根据不同微地震有效事件的能量强弱可以分析它们之间断裂的相对大小。总的来说，裂缝的能量越小，破裂的长度越短，反映在信号频率上频率越高。同时，裂缝并非单一产生，在压裂过程中会产生若干趋势类似的子破裂带，这些破裂带往往是由几个主裂缝和次生裂缝构成，而且在空间分布上比较集中。在出现主裂缝之后如果随着压裂的进行裂缝逐步向外延伸，就可以认为这个主裂缝的开启状况较好，储层的流通状况得到了比较好的改善。

针对裂缝发育情况，能够分析的最基本的与震源有关的系数有发震时间与微地震震源能量这两种。发震时间可以用来分析水力压裂裂缝的生长趋势及压裂前缘；能量与破裂产生微地震信号的裂缝尺寸大小有关，在各个微地震震源位置有明显的聚团效果的情况下，可以认为产生微地震信号强的裂缝为主裂缝，而周围的弱小裂缝可以假设认为是围绕着主裂缝发育的次生裂缝或这是同期发育的平行裂隙。当然，震源裂缝之间的真实关系需要进一步对每一个微地震有效事件利用波矢量或者对横波进行分析来得到。

（二）井下微地震裂缝监测

井下微地震裂缝监测通过采集微震信号并对其进行处理和解释，获得裂缝的参数信息从而实现压裂过程实时监测，可用来管理压裂过程和压裂后分析，是目前判断压裂裂缝最准确的方法之一。页岩气储层进行水力压裂过程中，裂缝起裂和延伸造成压裂层的应力和孔隙压力发生很大变化，从而引起裂缝附近弱应力平面的剪切滑动，这类似于地震沿着断层滑动，但由于其规模很小，通常称作"微地震"。水力压裂产生微地震释放的弹性波，其频率相当高，在200～2000Hz声波频率范围内变化。这些弹性波信号可以采用合适的接收仪在邻井检测到，通过分析处理就能够判断微地震的具体位置。页岩气井进行水力压裂施工时，在压裂井的邻井下入一组检波器，对压裂过程中形成的微地震事件进行接收，通过地面的数据采集系统接收这些微地震数据，然后对其进行处理来确定微地震的震源在空间和时间上的分布，最终得到水力压裂裂缝的缝高、缝长和方位参数。

第二节　页岩气资源利用技术

一、页岩气资源利用途径

(一) 用于城市燃气

城镇民用天然气是坚持可持续发展战略、优化能源结构、保护环境的重大措施，对拉动国民经济增长、提高人民生活质量、推动城市建设都具有重大的作用。因此，必须建设好天然气输配工程系统。

天然气的输配系统主要由购气门站、市区输配管网、储气站、液化石油气空混气调峰站、楼栋调压箱、专用调压计量站、庭院及户内管道(网)及户内计量器、调压器等组成。城镇和区的室外天然气输配系统，应按照城镇和区的总体规划进行设计。城镇天然气输配系统压力级制的选择，门站、储配站、调压站、燃气干管的布置，应根据天然气的来源、门户的用气量及其分布、地形地貌、管材设备供应条件、施工和运行等因素，经过多方比较，择优选取技术经济合理、安全可靠的方案。城镇天然气干线的布置，应根据工业和民用用户用量及其分布全面规划，宜逐步形成环状管网供气进行设计和施工。天然气输配系统的储气总容量，应根据所计算月平均日用气总量、气源可调量的大小、供气和用气的不均匀情况和运行经验等因素综合确定。

煤层气与常规天然气一样都是燃烧值高而且洁净的燃料气。煤层气无论是矿井抽放，还是地面钻井开发，一直是把民用放在首要位置。由于煤层气其热值可根据需要调整，而且不含煤炭干馏物质，不需庞大的净化处理装置，不腐蚀、不堵塞输气设备，很适于用作民用燃料。沁水煤层气田已成功应用压缩煤层气罐车向用户供气。

（二）用于工业燃料

工业炉窑传统上大多是以煤制气和柴油等作燃料，由于煤制气污染严重，加之油价上涨，天然气作为炉窑燃料已经具备经济和环保优势。特别是天然气能够有效提高炉窑制成品的质量，再诸如机械工业的热处理、陶瓷烧制过程以及其他工业生产加热过程都显示出其高效、清洁、廉价的优越性。

当前，天然气作为车用燃料得到广泛应用。这是因为，在各种汽车替代燃料中，天然气是汽车理想的清洁燃料，它充分显示了在资源、环保、经济和安全上的优越性。天然气作为汽车燃料具有以下几个优点：

1. 有较高的经济效益

在相同的当量热值时，许多国家把 $1m^3$ 天然气的价格控制为 1L 汽油或柴油价格的 1/2，则天然气汽车的燃料费用大约是汽油车或柴油车的 1/2。这不仅弥补了由于汽车数量不断增加而引起的液体燃料供应不足，而且使汽车的运行费用大幅度降低。

2. 有较好的社会效益

世界各国为了减少汽车尾气中有害物质对大气的污染，都制定了汽车排放标准，而且对其中有害成分的限制逐年变严。与石油燃料相比，天然气汽车对大气有害的污染物排放少，对环境保护有利。同传统的燃料汽油和柴油相比较，氮氧化物（NO_x）降低 77%~80%、CO 降低 76%、苯降低 97%、悬浮颗粒降低 99%。

3. 比较安全

天然气本身比空气轻，稍有泄漏，很快就会扩散到大气中，而 CNG、LNG 和 LPG 汽车的气瓶或气罐等都很结实可靠，气体燃料系统的各个部件，特别是密封部分，都经过严格的检查。因此，天然气作为汽车燃料比较安全。

（三）用于化工领域

天然气作为重要的化工原料，主要生产合成氨、甲醇、乙炔、CH_2CL_2、CS_2 等下游加工产品，而主导产品是合成氨和甲醇。天然气合成氨既是一个十分成熟的技术又是一个不断发展的技术，为达到节能降耗、提高效益的目的，合成氨装置都采用大型化、单系列，致力于回收并合理地利用不同能级的能量。因其原料路线的差异以及采用的技术对策不同，操作参数各异。

天然气首先经脱硫工序除去各种硫化物，然后与水蒸气混合预热，在一段转化炉的反应管内进行转化反应，产生 H_2、CO 和 CO_2，同时还有未转化的 CH 和水蒸气。一段转化气进入二段转化炉，在此加入空气，除了继续完成 CH 转化反应外，同时又添加氨合成所需要的氮气，接着在不同温度下将转化气中 CO 经高温转换和低温变换反应，使其含量降低到 0.3% 左右，再经过脱碳工序除去 CO_2，残余的 CO 和 CO_2 含量约为 0.5%，采用甲烷化的办法除去。然后把含有少量 CH、Ar 的氢氮气压缩至高压，送入合成塔进行合成氨反应。

（四）用于发电领域

近 20 年间，天然气在发电领域的消费增长速度为平均 2%，增长部分主要集中在发达国家。发展中国家由于电价承受能力较低和环保标准执行不严，天然气发电还未得到普遍采用，但随着天然气燃气—蒸气联合循环发电装置单机容量的不断扩大，热效率不断提高，以及优越的环保效益，天然气发电今后在发展中国家将有广阔的发展前景。目前，天然气用于燃气轮机热电联产一般有 3 种方式：

1. 燃气轮机—蒸汽轮机联合循环热电联产

燃气轮机对燃料进行首次能源利用，燃料燃烧产生热膨胀功推动发电机叶片来驱动发电机发电。燃气轮机—蒸汽轮机联合循环热电厂往往采用两套以上的燃气轮机和余热锅炉拖带 1~2 台抽汽凝汽式汽轮机，或使用余热锅炉补燃，以及双燃料系统提高对电网、热网和天然气管网的调节能力及供应稳定性。

2. 燃气轮机—余热锅炉直接热电联产

只有燃气轮机和预热锅炉，省略了蒸汽轮机，因此，也将其称为"前置循环"。热效率比前一方式高，但发电比率低于前者。

3. 燃气轮机辅助循环热电联产

将较小的燃气轮机加入传统的燃煤或燃油后置循环热电联产系统中，

将燃气轮机的动力用于驱动给水泵或发电，将高温烟气注入余热锅炉用于改善燃烧，提高锅炉效率。

煤层气发电是一项多效益型煤层气利用项目，能有效地将矿区采出的煤层气转变成电能，方便地输送到各地。不同型号的煤层气发电机设备可以利用不同浓度的煤层气。煤层气发电可以使用直接燃用煤层气的往复式发动机和燃气轮机，也可用煤层气作为锅炉燃料，利用蒸汽发电。煤层气作为燃料以应用于山西阳城电厂。

二、页岩气分布式应用

(一) 页岩气资源分布特点利于分布式应用

目前，国土资源部将页岩气藏的目标区域划分为南方 (扬子地区沿线：川渝、湘鄂、滇黔桂一带等)、华北、东北 (松辽平原)、西北 (包括吐哈盆地和鄂尔多斯盆地等) 和青藏五大区域。其中南方、华北和东北区域中的四川盆地、渤海湾盆地、松辽盆地、江汉盆地及中、东部一系列中、小盆地均靠近经济发达、电力负荷重区，如长江三角洲、京津唐地区等，具备就近建立分布式供能系统的市场潜力。

(二) 页岩气相关利用政策鼓励分布式利用

目前，我国针对页岩气的利用政策尚未出台，由于页岩气本质上就是天然气，可沿用常规天然气的应用路径实现商业化应用。根据天然气的综合利用方向，页岩气的利用方向主要有：城市燃气、工业染料、化工领域和发电领域。国家政策对不同天然气利用方式采取不同的支持态度，国家发展和改革委员会发布的《天然气利用政策》综合考虑天然气利用的社会效益、环境效益和经济效益以及不同用户的用气特点等各方面因素，将天然气用户分为优先类、允许类、限制类和禁止类。其中，天然气分布式能源项目 (综合能源利用效率 70% 以上，包括与可再生能源的综合利用) 被列为天然气利用的优先类。

第四章 天然气的应用

第一节 液化天然气供应

一、液化天然气的特性

天然气主要成分有甲烷、氮气以及 $C_2 \sim C_5$ 的饱和烷烃，另外还含有微量的氦、二氧化碳及硫化氢等，通过制冷液化后，成为含甲烷、乙烷及少量 $C_3 \sim C_5$ 烷烃的低温液体。

由于 LNG 组分 96% 以上都是甲烷，它和液体甲烷性质基本类似。LNG 的常压沸点通常为 $-166 \sim -157$℃，且随蒸汽压力的变化梯度约为 1.25×10^{-4}℃/Pa；液体密度通常为 $430 \sim 470$ kg/m³，某些特殊情况下可高达 520 kg/m³，其密度还是液体温度的函数，变化梯度约为 1.35 kg/（m³·℃）。LNG 汽化后密度在常压下约为 0.688 kg/m³；气液体积比为 625，汽化潜热为 510.25kJ/m³；气态下的热值为 38518.6 kJ/m³，根据研究得出辛烷值为 130。

（一）液化天然气的优点

由液化天然气的性质可以看出它的优点，有以下 3 个方面：

1. 储存方便

（1）LNG 的体积是同质量的气态天然气的 1/625，便于进行经济可靠的运输，可用专门的 LNG 槽车、轮船进行长距离运输。

（2）LNG 的储存效率高，占地面积小，投资费用少。

2. 应用广泛

（1）LNG 可作为城市用气的调峰气源或事故应急气源。据国外资料统计，在美国、日本、欧洲已建成投产 100 多座 LNG 调峰装置；截至 2016 年底，我国累计建成投产地下储气库 18 座，总工作气量为 64 亿 m³。

（2）生产过程中释放出的冷能可回收利用。如可将 LNG 汽化时产生的冷能用于冷藏、冷冻、低温破碎、温差发电等。因此，有的调峰装置就和冷冻厂进行联合建设。按目前 LNG 生产的工艺技术水平，可将天然气液化生产所耗能量的 50% 加以回收利用。

（3）低温液化还可分离出部分有用的副产品。在生产过程的不同阶段，可分离出 C_2、C_3、C_4、C_5 烃类，以及 H_2S、H_2 等化工原料及燃料。LNG 也可同提氦（He）进行联产。因为 He 的液化温度是 -269℃，而天然气的液化温度为 -162℃，当温度降到 -162℃ 时，LNG 先分离出来。

（4）LNG 可作为优质的车用燃料。与汽油相比，它具有辛烷值高、抗爆性好、燃烧完全、排气污染少、运输成本低等优点。即使与压缩天然气（CNG）相比，它也具有储存效率高、加一次气的续驶行程远，车装钢瓶压力小、重量轻，建站不受供气管网的限制等优点。

3. 安全

（1）生产使用比较安全。LNG 的燃点为 650℃，比汽油高约 230℃；LNG 的爆炸极限为 5%～15%，汽油的为 1%～5%；LNG 的密度约为 0.47 g/cm^3，汽油的约为 0.7 g/cm^3；LNG 与空气相比更轻，稍有泄漏便立即飞散，不致引起自燃爆炸。

（2）有利于环境保护，减少城市污染。我国现有城市污染源主要来自大量烧煤和车辆排放的尾气。若汽车改用 LNG 燃料，其燃烧后的有害物大为减少。据国内测试资料，LNG 汽车与汽油汽车相比：排放的 CH 减少 72%，NO 减少 39%，CO 减少 24%，SO_2 减少 90%。

（二）液化天然气的危险

液化天然气潜在的危险主要来源于其 3 个重要性质。

（1）LNG 的温度极低。其沸点在大气压力下约为 -60℃，并与其组分有关；在常压下沸点通常为 -166～-157℃。在这一温度条件下，其蒸发气密度大于周围空气的密度。

（2）极少量的 LNG 可以汽化为很大体积的气体。在标准状态下，1 单位体积的 LNG 可以汽化为约 600 单位体积的气体。

（3）类似于其他气态烃类化合物，天然气是易燃的。在大气环境下，LNG 汽化后与空气混合时，在体积占 5%～15% 的情况下是可燃的。

(三) 关于液化天然气的物理现象

1. 蒸发

LNG 作为一种低温液体储存于绝热罐中。任何传导至罐中的热量都会导致一些液体蒸发为气体，这些气体称为蒸发气体，其组分与液体组分有关。当 LNG 蒸发时，蒸发气中轻组分含量高。

对于蒸发气体，不论是温度低于 -133℃的纯甲烷，还是温度低于 -85℃的含 20% 氮气的甲烷，它们都比周围的空气重。在标准条件下，这些蒸发气体的密度大约是空气密度的 1.6 倍。

2. 闪蒸

如同任何一种液体，当 LNG 的压力降至其沸点压力以下时，如经过阀门后，部分液体蒸发，而液体温度也将降到此时压力下的新沸点，此即为闪蒸。由于 LNG 为多组分的混合物，闪蒸气体的组分与剩余液体的组分不一样。作为示例数据，在压力为 $1 \times 10^5 \sim 2 \times 10^5 \text{Pa}$ 时的沸腾温度条件下，压力每下降 $1 \times 10^3 \text{Pa}$，1m^3 的液体产生大约 0.4 kg 的气体。

3. 溢出

当 LNG 溢出至地面上时（如事故溢出），最初会猛烈沸腾，然后蒸发速率会迅速衰减至一个固定值，该值取决于地面的热性质和周围空气供热情况。当溢出发生在水上时，水中的对流会非常强烈，足以使所涉及范围内的蒸发速率保持不变，LNG 的溢出范围将不断扩展，直到气体的蒸发总量等于泄漏的 LNG 总量。

4. 气体云团的膨胀和扩散

（1）LNG 泄漏到空气中，最初蒸发气体的温度几乎与 LNG 的温度一样，其密度比周围空气的密度大。这种气体首先沿地面上的一个层面流动，直到从大气中吸热升温后为止。当纯甲烷的温度上升到 -133℃，或 LNG 的温度上升到 -80℃（与组分有关）时，蒸发气体的密度将比周围空气的密度小。当蒸发气体与空气混合物的温度上升致使其密度比周围空气的密度小时，这种混合物将向上运动。

（2）LNG 泄漏到空气中，由于大气中的水蒸气的冷凝作用将产生"雾云"。当这种"雾云"可见（在日间且没有自然界的雾）时，可用来显示蒸发气体的运动，并且给出蒸发气体与空气混合物可燃性范围的指示。

（3）LNG 从压力容器或管道泄漏时，将以喷射流的方式进入大气中，且同时发生节流（膨胀）和蒸发，并与空气强烈混合。大部分 LNG 最初作为空气溶胶的形式被包裹在气云之中。这种溶胶最终将与空气进一步混合而蒸发。

5. 着火与爆炸

对于天然气和空气混合的云团，天然气的体积分数为 5%～15% 时就可以被引燃和引爆。

6. 池火

直径大于 10m 的着火 LNG 池，火焰表面辐射功率（SEP）非常高，并且能够用测得的实际法向辐射通量及所确定的火焰面积来计算。SEP 取决于火池的尺寸、烟的发散情况以及测量方法。SEP 随着烟尘炭黑的增加而降低。

7. 低速燃烧压力波

没有约束的气体云团低速燃烧时，在气体云团中产生小于 5 kPa 的超低压，但在拥挤的或受限制的区域（如密集的设备和建筑物区），可以产生较高的压力。

8. 容积约束

天然气的临界温度约为 -80℃。这意味着被容积约束的 LNG，如在两个阀门之间或秘密容器中，有可能随着温度超过临界温度而使压力急剧增加，导致包容系统遭到破坏。因此，装置和设备都应设计有适当尺寸的排放孔或泄压阀。

9. 翻滚

翻滚（rollover）是指大量气体在短时间内从 LNG 容器中释放的过程。除非采取预防措施或对容器进行特殊设计防止翻滚，否则翻滚将使容器受到超压。

10. 快速相变

温度不同的两种液体在一定条件下接触时，可产生爆炸力，这种现象称为快速相变（RRT）。当 LNG 与水接触时，快速相变现象就会发生，尽管不发生燃烧，但这种现象具有爆炸的所有其他特征。

11. 沸腾液体膨胀蒸汽爆炸

任何液体处于或接近其沸腾温度，并且承受高于某一确定值的压力时，如果由于压力系统失效而突然获得释放，都将以极高的速率蒸发，这种现象称为沸腾液体膨胀蒸汽爆炸。沸腾液体膨胀蒸汽爆炸在 LNG 装置上发生的可能性极小。这或者是因为储存 LNG 的容器将在低压下发生破坏，而且蒸汽产生的速率很低；或者是因为 LNG 在绝热的压力容器和管道中储存和输送，这类容器和管道具有内在的抑制蒸发的能力。

二、天然气液化工艺

将气态天然气转化为液态天然气的工业设施称为天然气液化装置，有基本负荷型天然气液化装置、调峰型天然气液化装置和小型天然气液化装置。

基本负荷型天然气液化装置是指生产供当地使用或外运的天然气的大型液化装置。对于基本负荷型天然气液化装置，其液化单元常采用级联式液化流程和混合制冷剂液化流程。20 世纪 60 年代最早建设的天然气液化装置，采用当时技术成熟的级联式液化流程；20 世纪 70 年代又转而采用流程大为简化的混合制冷剂液化流程；20 世纪 80 年代后新建或扩建的基本负荷型天然气液化装置，80% 以上采用丙烷预冷混合制冷剂液化流程。

调峰型天然气液化装置是指为调峰负荷或补充冬季燃料供应天然气的液化装置，通常将低谷负荷期间过剩的天然气液化储存，在高峰负荷时或紧急情况下再汽化使用。此类装置非常年运行，生产规模小，其液化能力一般为高峰负荷量的 1/10 左右，但储存能力大，故生产的 LNG 一般不作为产品外售。其液化部分常采用带膨胀机的液化流程和混合制冷剂液化流程。

(一) 天然气净化工艺

天然气作为液化装置的原料气，其在液化之前应进行净化加工，以脱除其中的水分、酸性物质、重烃类气体及汞等杂质，以避免杂质腐蚀设备、在低温下冻结或堵塞设备和管道。脱水常用的方法是分子筛吸附法，这种方法可脱除天然气中大部分水蒸气；天然气中的酸性气体 CO_2 和 H_2S 的脱除常采用分子筛吸附法和溶剂吸收法；C_5 及以上重烃类气体脱除常用的方法也有两种，即活性炭吸附法和制冷剂分离法。

（二）天然气液化工艺的热力学特性

天然气液化过程基本是热力学过程。其工艺要点如下：

（1）利用制冷工质（制冷剂）、天然气工质绝热膨胀或焦耳—汤姆逊效应产生制冷作用。工质在膨胀机中绝热膨胀，发生焓降，因而温度大幅度降低，产生制冷作用。工质经焦耳—汤姆逊阀（J-T 阀）等节流，温度下降并部分液化，低温的工质和液化的工质汽化都产生制冷作用。

（2）使较高压力的工质进入分离器发生闪蒸，使工质中较轻组分进入气相，较重组分进入液相；一般分离的液相经节流形成制冷工质；气相经冷却降温再节流，形成更低温度的制冷剂。

（3）使绝热膨胀前的工质增压降温，或使节流前的工质降温都可有效地增加工质提供的冷能。

（4）换热器是液化装置的主要设备，尽量减小冷热流体换热温差以提高过程中的烟效率。

（5）使天然气的冷却、液化温度曲线与制冷剂的温度曲线靠近。级联式流程或混合制冷剂流程都是基于这一原理的。

（三）天然气液化流程

将气态天然气液化为液态天然气的过程称为天然气液化流程。天然气液化流程按照不同的分类方法可以分为不同的形式。

天然气液化流程根据原理可以分为以下三种：① 无制冷剂的液化工艺。天然气经过压缩，向外界释放热量，再经膨胀（或节流）使压力和温度下降，部分液化。② 只有一种制冷剂的液化工艺。这包括氮气制冷剂循环和混合制冷剂循环。这种工艺是通过制冷剂的压缩、冷却、节流过程获得低温，通过换热使天然气液化的工艺。③ 多种制冷剂的液化工艺。这种工艺选用蒸发温度成梯度的一组制冷剂，如丙烷、乙烷（或乙烯）、甲烷，通过多个制冷系统分别与天然气换热，使天然气温度逐渐降低，从而达到液化的目的，通常也称为阶式混合制冷工艺或复叠式制冷工艺。

天然气液化流程按制冷方式分为以下三种方式：① 级联式液化流程；② 混合制冷剂液化流程；③ 带膨胀机的液化流程。

需要指出的是，这样的划分并不是严格的，通常采用的是包括了上述各种液化流程中某些部分的不同组合的复合流程。

这里主要介绍按照制冷方式分类的三种天然气液化流程。

1. 级联式液化流程

级联式液化流程也被称为阶式液化流程、复叠式液化流程或串联蒸发冷凝液化流程，主要应用于基本负荷型天然气液化装置。

在级联式液化流程中，较低温度级的循环将温度转移给相邻的较高温度级的循环。具体原理是：第一级为丙烷制冷循环，丙烷通过蒸发把冷能传递给天然气、乙烯和甲烷；第二级为乙烯制冷循环，乙烯再传递冷能给天然气和甲烷；第三级为甲烷制冷循环，为天然气提供冷能。

级联式液化流程的优点是能耗低；制冷剂为纯物质，无配比问题；技术成熟，操作稳定。缺点是机组多，流程复杂，初投资大；附属设备多，要有专门生产和储存多种制冷剂的设备；管道和控制系统复杂，维护不便。

2. 混合制冷剂液化流程

混合制冷剂液化流程（Mixed Refrigerant Cycle, MRC）是以 $C_1 \sim C_5$ 的碳氢化合物及 N_2 等五种以上的多组分混合制冷剂为工质，进行逐级冷凝、蒸发、节流膨胀得到不同温度水平的制冷剂，以达到逐步冷却和液化天然气目的的天然气液化流程。MRC 既可达到类似级联式液化流程的目的，又克服其系统复杂的缺点。

与级联式液化流程相比，MRC 具有的优点为：机组设备少，流程简单，投资省，投资费用低 15% ~ 29%；管理方便；混合制冷剂可以部分或全部从天然气本身提取与补充。但是，MRC 的缺点也很明显：能耗高，比级联式液化流程要高 10% ~ 20%；混合制冷剂的合理配比较为困难；流程计算须提供各组分可靠的平衡数据与物性参数，计算困难。

目前的 MRC 主要分为三种，分别为丙烷预冷混合制冷剂液化流程、APCI 液化流程、CII 液化流程。

（1）丙烷预冷混合制冷剂液化流程

丙烷预冷混合制冷剂液化流程（Propane-Mixed Refrigerant Cycle, C3/MRC）。此流程结合了级联式液化流程和混合制冷剂液化流程的优点，既高效又简单，适用于调峰型和基本负荷型天然气液化装置。该流程共由三部分组成：① 混合制冷剂循环；② 丙烷预冷循环；③ 天然气液化回路。在此液化流程中，丙烷预冷循环用于预冷混合制冷剂和天然气，而混合制冷剂循环用于深冷和液化天然气。

1) 天然气液化循环

参数为 4.76 MPa、308K 的天然气依次经预冷换热器 1、2、3，液化器、过冷器，变成温度为 111.03 K 的过冷 LNG，节流后进入储罐储存。

2) 混合制冷剂循环

混合制冷剂经压缩机由 0.35 MPa 压缩至 2.5 MPa，首先经冷却，带走一部分热能，然后通过预冷换热器 1、2、3，由丙烷预冷循环预冷到 237.94 K。经分离，气相通过液化器和过冷器后温度降为 111.03 K，节流、降压、降温为过冷器、液化器提供冷能。液相通过液化器后温度降为 161.73 K，节流、降压为液化器提供冷能。最后，气相和液相返流的混合制冷剂回到压缩机入口。

利用混合制冷剂中 N_2 和 CH_4 保证 LNG 的过冷度，且配以适量的 C_2H_8 和 C_3H，为流程中的液化器提供冷能。流程中混合制冷剂只做一次分离，分离后的液相经冷却、节流产冷。当天然气液化规模较小时，采用高压储罐，可减少液化能耗；反之，采用低压储罐可降低储罐造价。

3) 丙烷制冷循环

经压缩机压缩的丙烷工质压力为 1.3 MPa，经冷却器温度降到 308 K。然后依次经过三级节流、分离，液相分别通过预冷换热器 1、2、3，为天然气和混合制冷剂提供冷能，分离器分离的气相则与提供冷能后汽化的丙烷工质一同汇合到压缩机入口。

(2) APCI 液化流程

在该液化流程中，天然气先经丙烷预冷，然后用混合制冷剂进一步冷却液化。低压混合制冷剂经两级压缩机压缩后，先用水冷却，然后流经丙烷换热器进一步降温至 238 K，之后进入气液分离器分离成气、液两相。生成的液相流体在混合制冷剂换热器温度较高区域（热区）冷却后，经节流阀降温，并与返流的气相流体混合后为热区提供冷能；分离器生成的气相流体，经混合制冷剂换热器冷却后节流降温，为其冷区提供冷能，之后与液相流体混合，为热区提供冷能。混合后的低压混合制冷剂进入压缩机压缩。

在丙烷预冷循环中，从丙烷换热器来的高、中、低压的丙烷，在同一个压缩机内压缩，压缩后先用水进行预冷，再经节流、降温、降压后为天然气和混合制冷剂提供冷能。

这种液化流程的操作弹性很大。当生产能力降低时，可通过改变制冷剂组成及降低吸入压力来保持混合制冷剂循环的效率。当需液化的原料气发生变化时，通过调整制冷剂组成及混合制冷剂压缩机的吸入和排出压力，也能使天然气高效液化。

(3) CII 液化流程

天然气液化技术的发展要求液化循环具有高效、低成本、可靠性好、易操作等特点。为了适应这一发展趋势，研究人员开发了新型的混合制冷剂液化流程，即整体结合式级联型液化流程 Integral Incorporated Cascade，CII），简称 CII 液化流程。CII 液化流程吸收了国外天然气液化技术的最新发展成果，代表天然气液化技术的发展趋势。

流程精简，设备少。CII 液化流程出于减少设备投资和建设费用的考虑，简化了预冷机组的设计。在流程中增加了分馏塔，将混合制冷剂分为重组分(以丙烷、丁烷和戊烷为主)和轻组分(以氮气、甲烷和乙烷为主)两部分。重组分冷却、节流后返流，作为冷源进入冷箱上部预冷天然气和混合制冷剂；轻组分气液分离后进入冷箱下部，用于冷凝、过冷天然气。

冷箱采用高效钎焊铝板翅式换热器，体积小，便于安装。整体式冷箱结构紧凑，分为上、下两部分，由经过优化设计的高效钎焊铝板翅式换热器平行排列组成，换热面积大，绝热效果好。天然气在冷箱内由环境温度冷却至 -160℃ 左右，冷凝成液体，减少了漏热损失，并较好地解决了两相流体分布问题。冷箱以模块化的形式制造，便于安装，只需在施工现场对预留管路进行连接，减少了建设费用。

压缩机和驱动机的形式简单、可靠，减少了投资与维护费用。

3. 带膨胀机的液化流程

带膨胀机的液化流程是利用高压制冷剂通过透平膨胀机绝热膨胀的克劳德循环制冷实现天然气液化的流程。气体在膨胀机内膨胀降温的同时，能输出功，可用于驱动流程中的压缩机。当管路输送来的、进入装置的原料气与离开液化装置的商品气有"自由"压差时，液化过程就可能不需要外来能量，而是靠"自由"压差通过膨胀机制冷，使进入装置的天然气液化。该液化流程的关键设备是透平膨胀机。

带膨胀机的液化流程的优点是：① 流程简单，调节灵活，工作可靠，易启动，易操作，维护方便；② 用天然气本身作为制冷工质时，可省去专门生产、运输和储存制冷剂的费用。其缺点是：① 送入装置的气流须全部深度干燥；② 回流压力大，换热面积大，设备金属投入量大；③ 受低压用户规模大小的限制；④ 液化率低，如果作为尾气的低压天然气再循环，则在增加循环压缩机后，功耗大大增加。

由于带膨胀机的液化流程操作比较简单，投资费用适中，其特别适用于液化能力较小的调峰型天然气液化装置。根据制冷剂的不同，其可分为天然气膨胀液化流程和氮气膨胀液化流程。

与混合制冷剂液化流程相比，氮气膨胀液化流程（N_2-cycle）较为简化、紧凑，造价略低；启动快，热态启动 $1 \sim 2$ h 即可获得满负荷产品；运行灵活，适应性强，易于操作和控制；安全性好，放空不会引起火灾或爆炸危险；制冷剂采用单组分气体。其缺点是能耗比混合制冷剂液化流程高 40% 左右。

三、液化天然气气化站

天然气作为液体状态存在时有利于储存与运输，但天然气最终被利用时的状态是气态。因此，液化天然气在被利用之前须先经过汽化。

液化天然气气化站（LNG 气化站）通常指具有接收、储存、汽化并外输LNG 功能的站场，主要作为运输管线达不到或采用长输管线不经济的中小型城镇的气源，另外也可以作为城镇的调峰应急气源。LNG 气化站与接收站或天然气液化工厂的经济运输距离宜在 1000 km 以内，可采用公路运输或铁路运输。与天然气管道长距离输送、高压储罐储存等相比，LNG 气化站采用槽车运输、LNG 储罐储存，具有运输灵活、储存效率高、建设投资费用少、建设周期短、见效快等优点。

（一）大型 LNG 气化站

1. 气化站工艺流程

LNG 由低温槽车运至气化站，在卸车台利用增压器对储罐加压，将

LNG 送入气化站 LNG 储罐内储存。汽化时通过储罐增压器将 LNG 增压，或利用低温泵加压，将 LNG 输至气化器，变为气态天然气，经调压、计量、加臭后进入供气管网。

气化器通常采用两组空温式气化器，相互切换使用。当一组使用时间过长，气化器结霜严重，导致效率降低、出口温度达不到要求时，则会切换到另一组使用。在夏季，经空温式气化器汽化后天然气温度可达 15℃左右，可以直接进入管网；在冬季或雨季，由于空气温度或湿度的影响，气化器汽化效率降低，汽化后的天然气温度达不到要求时，可以采用水浴式气化器。

气化站内设有 BOG 储罐，LNG 储罐顶部的蒸发气体经过 BOG 加热器加热后进入 BOG 储罐；卸车完毕后，低温槽车内的气体通过顶部的气相管被输送到 BOG 加热器中加热，然后进入 BOG 储罐。当 BOG 储罐内的压力达到一定值后，储罐内的气体被并入中压供气管网。

LNG 储罐设计温度为 -196℃，LNG 气化器后设计温度一般不低于环境温度 8 ~ 10℃。LNG 储罐设计压力根据系统中储罐的配置形式、液化天然气组分及工艺流程确定。当采用储罐等压气化器时，气化器设计压力为储罐设计压力；采用加压强制气化器时，气化器设计压力为低温加压泵出口压力。

2. 气化站工艺设备

LNG 气化站工艺设备主要有 LNG 储罐、气化器、调压计量装置、低温泵等。

（1）LNG 储罐

当气化站的储存规模不超过 1000m³ 时，一般采用 50 ~ 150 m³ 的 LNG 储罐，可根据现场地质和用地情况选择卧式罐或立式罐；当气化站的储存规模在 1000 ~ 3500m³ 时，一般采用子母罐形式；当气化站的储存规模在 3500 m³ 以上时，宜采用常压罐形式。

为了保证不间断供气，特别是在用气高峰季节也能保证正常供应，气化站中应储存一定量的液化天然气。目前，最广泛采用的储存方式是利用 LNG 储罐储存。

（2）气化器

气化器根据热源的不同，可分为空温式气化器和水浴式气化器两种类型。

3. LNG 气化站安全控制

考虑到 LNG 易燃易爆的特性，LNG 气化站内需配备监控及消防系统。

LNG 气化站安全报警系统需设置储罐高低液位报警、储罐超压及真空报警、低温报警、可燃气体检测报警、火灾检测报警等。

LNG 气化站应按现行国家规范《建筑设计防火规范》和《城镇燃气设计规范》的要求，设置必要的消防时间。

4. 站址选择及总平面布置

由于 LNG 具有低温储存的特点，同时具有易燃易爆的特性，LNG 气化站在建设布局、设备安装、操作管理等方面都有一些特殊要求。

(1) 站址选择

站址选择一方面要从城镇的总体规划和合理布局出发，另一方面也应从有利生产、方便运输、保护环境着眼。在站址选择过程中，既要考虑到能完成当前的生产任务，又要想到将来的发展。站址选择一般考虑以下问题：

1）站址应选在城镇和居民区的全年最小频率风向的上风侧。若必须在城镇建站，则应尽量远离人口稠密区，以满足卫生和安全的要求。

2）考虑气化站的供电、供水和电话通信网络等条件，站址宜选在城镇边缘。

3）站址至少要有一条全天候的汽车公路。

4）气化站应避开油库、桥梁、铁路枢纽站、飞机场等重要场所。

5）站址不应受洪水和山洪的淹灌和冲刷，站址标高应高出历年最高洪水位 0.5 m 以上。

6）要考虑站址的地质条件，避免布置在容易滑坡、溶洞、塌方、断层，有淤泥等不良地质的地区。

7）站内的 LNG 储罐、天然气放散总管等与站外建（构）筑物的安全防火间距应符合现行国家规范《建筑设计防火规范》和《城镇燃气设计规范》的要求。

(2) 总平面布置

LNG 气化站总平面应分区布置，一般分为生产区（包括卸车区、储罐区、气化区）和生产辅助区。生产区和辅助区之间宜采取措施间隔开，并设置联络通道，便于生产和安全管理。

卸车区设置地衡、增压器，储罐区设置储罐、增压器、围堰、溢流池，气化区设置气化器、调压器、计量和加臭装置，生产辅助区设置生产辅助用房、消防水池等。

(二) 小型 LNG 气化站

LNG 点供，也称为 LNG 区域供气单元，是指在一个或多个邻近终端用户间，先选地址投建一个气化站，然后铺局域管网，实现小型局域的供气与用气的模式。LNG 点供适用于输气管线不易到达，或由于用气量小修建管线不经济的中小城镇和工厂等终端用户，相当于小型 LNG 接收气化站，具体模式是通过槽车运送 LNG 到用气工厂，然后卸装低温不锈钢瓶，搬到工厂自建的气化站进行汽化，点对点地独立给用户供气。目前，我国的小型 LNG 气化站的供气量大多在 $10 \times 10^4 Nm^3/d$ 以下，且其冷能产量随供气量的变化较频繁。

国家发展和改革委员会价格司印发的《关于规范城市管道天然气和省内天然气运输价格管理的引导意见 (征求意见稿)》首次明确提出要 "鼓励大型工业用户直接与上游气源企业签订燃气商品的购销合同"。同时，近年来各项 "煤改气"、LNG 汽车补贴等相关标准纷纷出台。这些政策无疑都极大地促进了 LNG 点供的快速发展。

LNG 点供长期占据市场消费前端位置，在 "煤改气" 和天然气 "村村通" 工程中发挥了十分重要的作用，国内 LNG 点供市场的发展让天然气业内专家为之侧目。但由于 LNG 点供与城镇燃气 "特许经营" 制度存在着天然的对立情况，在一定程度上也阻碍了 LNG 点供的快速发展，这需要国家出台相应的政策规范进行调整。

1. LNG 点供的优势

相比于大型 LNG 气化站的大范围管道输气，LNG 点供具有其自身的优势。

(1) 投入低。企业几乎接近零投入，即可拥有自己的天然气气化站，建站所投入的费用无须企业自行承担。

(2) 燃气费用低。城镇燃气管道费用很高，点供模式由于不需要承担庞大、复杂的管道维护费用，故而燃气费用很低，在经济不发达地区非常实惠。

（3）可靠性高。相对于城镇燃气管道出现用气高峰时天然气供应不上的情况，LNG 点供供气灵活，风险低，安全可靠性非常高。

2. 小型 LNG 气化站

小型 LNG 气化站的工作环节为：LNG 槽车运输供应、卸货，LNG 储罐储存，LNG 汽化与气相处理，气相天然气进入管网计量、输配。根据站场的布置情况，小型 LNG 气化站主要分为瓶组气化站和撬装气化站。

（1）瓶组气化站

瓶组气化站采用气瓶组作为储气及供气设施，主要应用于居民小区、小型工商业用户等。瓶组气化站供应规模不宜过大，小区户数一般为 2000～5000 户，高峰时供气量可达 500 m³/h（标准状态）。

瓶组气化站工艺流程：LNG 自瓶组引出，经气化器，再调压、计量、加臭后进入小区庭院管道。瓶组气化站的主要工艺设备包括 LNG 钢瓶、空温式气化器、BOG 加热器、过滤器、调压器、流量计、加臭装置等。

气瓶组总供气能力根据高峰小时用气量确定。储气容积应按月最大日供气量的 1.5 倍确定。气瓶组总容量应不大于 4 m³。单个气瓶宜采用 175 L 钢瓶，最大容积不应大于 410L，灌装量不应大于钢瓶容积的 90%。

（2）撬装气化站

撬装气化站是将小型 LNG 气化站的工艺设备、阀门、零部件以及现场一次仪表集成安装在撬体上所形成的气化站。根据储罐大小、现场地形，撬装气化站可分为卸车撬气化站、储罐撬气化站、增压撬气化站、气化撬气化站，或者分为卸车撬气化站和储罐增压撬气化站。

撬装气化站工艺简单，运输、安装方便，占地面积小，适用于城镇独立居民小区、中小型工业用户和大中型商业用户。槽车运来液化天然气，通过卸车柱将其卸入储罐储存，用气时，通过增压器使储罐中的液化天然气进入气化器，再经过调压、计量、加臭送入供气管道。

四、液化天然气汽车加气站

（一）LNG 汽车加气站

LNG 作为车用燃料，与燃油相比，具有辛烷值高、抗爆性好、燃烧完全、排气污染少、发动机寿命长、运行成本低等优点；与 CNG 相比，具有储存效率高、续驶里程长、储瓶压力低、重量轻等优点。LNG 汽车一次加气可连续行驶 1000 ~ 1300 km，可适应长途运输，减少加气次数。LNG 高压汽化后也可为 CNG 汽车加气。

LNG 汽车加气站的设备主要包括槽车、LNG 储罐、增压气化器、低温泵、加气机、加气枪及控制盘等。槽车上的液化天然气需通过泵或自增压系统升压后卸出，送进加气站内的 LNG 储罐。槽车到达加气站时，车内的液化天然气压力通常低于 0.35 MPa。卸车过程通过计算机监控，以确保 LNG 储罐不会过量充装。LNG 储罐容积一般为 50 ~ 120 m³。

槽车运来的液化天然气卸至加气站内的 LNG 储罐后，可启动控制盘上的按钮，对罐内液化天然气升压。通过低温泵，部分液化天然气进入增压气化器，汽化后天然气会到罐内升压。升压后罐内压力一般为 0.55 ~ 0.69 MPa，加气压力为 0.52 ~ 0.83 MPa（此压力是天然气发动机正常运转所需要的），所以，可以依靠罐内压力或经低温泵给汽车加气。

加气机在加液过程中不断检测液体流量。当液体流量明显减小时，加注过程会自动停止。加气机上会显示出积累的液化天然气加注量。加注过程通常需要 3 ~ 5 min。控制盘利用变频驱动手段，调节加气站的运行状况，监测流量、压力以及储罐液位等参数。

(二) LCNG 汽车加气站

在有 LNG 气源同时又有 CNG 汽车的地方，可以建设液化压缩天然气（LCNG）加气站，为 CNG 汽车加气。采用高压低温泵可使液体加压，在质量流量和压缩比相同的条件下，高压低温泵的投资、能耗和占地面积均远小于气体压缩机。利用高压低温泵将液化天然气加压至 CNG 高压储气瓶组所需压力，再经过高压气化器使液化天然气汽化后，通过顺序控制盘储存于 CNG 高压储气瓶组，在需要时通过 CNG 加气机向 CNG 汽车加气。

LCNG 汽车加气站的设备主要包括 LNG 气瓶组、加气机、加气枪及控制盘等。LCNG 加气站除监控系统的功能外，还具有监测 CNG 功能。

储罐、高压低温泵、高压气化器、CNG 高压储汽车加气站中的监控系统，除具有 LNG 汽车高压储气瓶组压力并自动启停外，高压低温泵的

LCNG 汽车加气站也可以配置成同时为 LNG 汽车和 CNG 汽车服务的加气站，只需在 LNG 汽车加气站的基础上，以较小的投资增加高压低温泵、气化器、CNG 储气设施和 CNG 加气机等设备即可。

对于 165 辆车以下的中大型车队，加气站 LNG 储罐总容量约为 110m³，一般设置 2 个储罐。对于 200 辆车左右的大型车队，加气站 LNG 储罐总容量为 160～170 m³，可设置 3 个储罐。

五、调峰型城市液化天然气储配站

随着国内经济快速发展、国家能源战略逐步深化、天然气利用广度拓展以及燃气用户数量和单个用户用气量的不断提升，调峰型城市 LNG 储配站凭借其投资费用低、建站周期短、操作简单以及能迅速满足城市用气市场需求的优势，作为城镇的备用气源、调峰气源或过渡气源，目前已得到广泛的建设和推广应用。

(一) 调峰型城市 LNG 储配站的基本结构及功能

调峰型城市 LNG 储配站是以调节供气负荷为主要目的天然气液化及储存装置，通常可将城市用气低峰负荷时管网中的过剩天然气液化储存，也可将 LNG 船或 LNG 槽车运输来的液化天然气储存在 LNG 储罐内。在用气高峰负荷时或紧急情况下，将储存的液化天然气进行汽化，然后送至城市供气管网，实现高峰负荷期调峰的目的，也可将储存在罐内的液化天然气装车或装船，对外供应。

1. 基本结构

调峰型城市 LNG 储配站主要包括过滤增压、脱酸、脱水、脱碳、液化、储存、汽化、BOG 处理、加臭、计量及火炬等设备单元，另外还有 LNG 装车站、泡沫站、空压 / 氮气站、消防系统、供热系统和循环水系统等储运及公用工程等。

2. 功能

（1）将天然气高压管网输送至城市的天然气经过滤、加压后脱酸、脱水和脱碳，再液化，最后将液化天然气送至 LNG 储罐内储存。

（2）在高峰负荷时或紧急情况下，储罐内的液化天然气经低温泵送至气化器内进行汽化，汽化后的天然气经过调压、计量、加臭后送入下游高压、中压管网，实现对城市各类天然气用户供气。

（3）调峰型城市 LNG 储配站还可以通过站内的 LNG 装车站对 LNG 槽车或 LNG 船加装液化天然气，实现对外输送。

（二）调峰型城市 LNG 储配站的工艺流程

1. 液化天然气的储存

液化天然气的温度为 −162℃，储存所用储罐必须具有可靠的耐低温性能和良好的绝热性能。常见的 LNG 储罐有双金属地面储罐、预应力钢筋混凝土外壳地面储罐及地下储罐 3 种类型。

从安全、经济、先进和技术成熟程度等方面综合考虑，一般选用碳钢外壳、9% 镍钢内胆的单容式 LNG 低温储罐。预应力钢筋混凝土外壳、自承式 9% 镍钢内胆的全容式 LNG 低温储罐常用于沿海接收站。

2. 汽化及加臭计量工艺

当城市天然气供应紧张或发生临时故障需要调峰装置供气时，液化天然气由置于储罐内的潜液泵或置于储罐外的外置泵输送至气化器（根据 LNG 储配站用于应急气源或调峰的功能、特点和要求，选用空温式气化器或水浴式气化器）。汽化后的天然气经过加臭、计量后输送至天然气用户管网，供城市用户使用。

3. BOG 处理工艺

BOG 是指低温液体系统中由于低温液体受热而自然蒸发的气体，调峰型城市 LNG 储配站中的 BOG 气体主要包括：① 液化天然气在储罐内储存过程中，因冷能损失产生的蒸发气体；② 管道受热及 LNG 储罐内的液化天然气潜液泵工作时产生的热能导致的蒸发气体；③ 装车过程中，槽车储罐内的残余气体和进入槽车储罐内的液化天然气与原槽车储罐内温度较高的低温蒸发气体接触时产生的蒸发气体。

目前，调峰型城市 LNG 储配站选用的 BOG 处理工艺分为 BOG 再液化工艺和 BOG 直接压缩工艺。

（1）BOG 再液化工艺。该工艺是指将 BOG 送至 BOG 压缩机吸入筒，经 BOG 压缩机增压后，由空气冷却器冷却或与液化天然气过冷液换热，冷凝成液化天然气。该工艺适用于当 LNG 储罐产生大量 BOG 需要回收而 LNG 外输量又较少时的情况，目前国内调峰型城市 LNG 储配站普遍采用该工艺来处理 BOG。

零蒸发损耗（Zero Boil-Off，ZBO）储存技术是将主动制冷技术和被动绝热技术相结合，用耦合于低温制冷机的热交换器从低温储罐内移出外部漏入热量，使 BOG 气体再液化的技术。该技术在 BOG 再液化工艺中的应用尚处于实验研究阶段，但其特点突出，必将成为 BOG 再液化工艺的优先选择技术。

（2）BOG 直接压缩工艺。该工艺是指将 BOG 经压缩机加压至外输管网所需压力，经计量、加臭，以高压天然气形式进入输气管网供下游用户使用。该工艺需消耗大量压缩功，所以适用于外输管网压力较小（2.0~3.0 MPa）或 BOG 量小及 LNG 外输量不稳定的储配站。当 BOG 流量大于压缩机工作能力时，多余气体需通过集气管送至火炬进行燃烧处理。

4. LNG 装车外输工艺

LNG 槽车运输方便、灵活、快捷，适应面广。通过储配站设置的 LNG 装车站对 LNG 槽车进行充装，可以将液化天然气输送至下游用户，特别是天然气管网未铺设地区的用户，满足不同的客户需求。如 LNG 加气站和 LNG 卫星站的天然气主要依靠 LNG 槽车输送。

（三）LNG 调峰的优势

与其他调峰方法相比，LNG 调峰有许多独具的优势。

1. 储气效率高

在常压下甲烷由气体变为液体，其体积缩小为原来的 1/625，大大提高了液化天然气的能量密度，提高了储存效率。其与井口采气压力 6 MPa 的地下储气库相比，高出单位容量储气比 10.4 倍；与 1 MPa 的地面球罐相比，高出单位容量储气比 62.5 倍。

2. 建库选址容易

以北京为例，就近要找到适合作为地下储气库的岩洞穴不大可能，要找到已经或即将枯竭的大气藏作为地下储气库也很困难。但是，要在北京市周围选择适当的地址建设几座 LNG 工厂就比较容易，因为它不受很多地下因素的严格限制。而且，从气源到产品的产供销，从调峰到资源的综合利用，从环保到节能等许多有利条件都可得到充分利用。

3. 储运方便

LNG 调峰工厂有两种形式可供选择：一种是将工厂建在距城市供气不远的地方，直接和城市供气管网相连，到冬春季需要调峰时，将液化天然气气化以后及时输送给需要调峰的用户；另一种是"卫星型"的储备厂，这种储备厂可根据城市管网的覆盖面积和用户的分布状况，在适当的地方分散建设。

第二节　天然气分布式能源供应

天然气冷、热、电三联供系统是以天然气为主要燃料带动燃气轮机、微燃机、内燃机、发电机等燃气发电设备运行，产生电力供应用户的电力需求，系统发电后排出的余热通过余热回收利用设备（余热锅炉或者余热直燃机等）向用户供热、供冷的一整套能源综合利用系统。其作为国际上技术先进、建设简单的分布式供能系统，在提高能源利用效率、削峰填谷、促进节能减排等多方面具有明显优势。

一、天然气冷、热、电三联供系统

天然气冷、热、电三联供系统是以天然气为一次能源同时生产冷、热、电三种二次能源的联产联供系统。该系统以小型燃气发电设备为核心，以燃气发电设备排放出来的高温烟气或以该烟气通过余热锅炉产生的蒸汽或热水供热，并以此热量驱动吸收式制冷机，从而满足用户对冷、热、电的各种需求。该系统基本上可以摆脱对外部电网的依赖，具有相对独立性和灵活性。该系统的能源效率高、可靠性强、污染物排放较低，相比其他能源供应系统具有较强的竞争优势。

天然气燃烧后的高品位能量在三联供的动力系统中用于发电，动力系统排放的热量品位相对次之，可用于提供冷、热等中、低品位产能，进而形成冷、热、电三种能量的联合供应。具体来讲，就是以"分配得当、各得所需、温度对口、梯级利用"为原则，将小型化、模块化的发电系统布置在用户附近，以管输天然气为燃料发电，供用户使用，同时把发电过程中发电机组产生的冷却水和排气中的余热用热交换系统回收生产热水或蒸汽，供用户采暖、制冷及生活日用，以此实现能量的梯级利用，使得能源综合利用效率大大提高。

天然气冷、热、电联产的主要设备有燃气发动机、燃气轮机、燃气外燃机、蒸汽轮机、余热锅炉、吸收式冷水机、燃气空调等。

其中，燃气发动机属于内燃机，自天然气发动机问世以来，经过多年的发展，其技术已日趋成熟。目前来看，大部分天然气发动机都是在现有的柴油发动机或汽油发动机机型基础上改型而来的。按照着火方式的不同，燃气发动机可以分为点燃式天然气发动机、压燃式天然气发动机和柴油引燃式天然气发动机。

燃气轮机是一种以连续流动的气体为工质带动叶轮高速旋转，将燃料的能量转变为有用功的内燃式动力机械，是一种旋转叶轮式热力发动机。燃气轮机由压气机、燃烧室和透平机三大部件组成。压气机从外界大气环境吸入空气，并经过轴流式压气机逐级压缩使之增压，同时空气温度也相应提高；压缩空气被压送到燃烧室与喷入的燃料混合，燃烧生成高温高压的气体；然后进入透平机中膨胀做功，推动透平机带动压气机和外负荷转子一起高速旋转，实现了将气体或液体燃料的化学能部分转化为机械能，并输出电能。从透平机中排出的废气排至大气中自然放热。这样，燃气轮机就把燃料的化学能转化为热能，又把部分热能转变成机械能。

燃气外燃机是利用燃料燃烧加热循环工质（如蒸汽机将锅炉里的水加热产生的高温高压水蒸气输送到机器内部），使热能转化为机械能的一种热机。其由于热效率的限制而在实际过程中应用较少。

蒸汽轮机全称为蒸汽涡轮发动机，是一种将水蒸气的动能转换为涡轮转动动能的机械。相较于单级往复式蒸汽机，蒸汽轮机大幅改善了热效率，其工作过程更接近热力学中理想的可逆过程，并能提供更大的功率，至今它几乎完全取代了单级往复式蒸汽机。蒸汽轮机特别适用于火力发电和核能发电，世界上大约80%的电是利用蒸汽轮机所产生的。

余热锅炉，顾名思义，是指利用各种工业过程中的废气、废料或废液中的余热及其可燃物质燃烧后产生的热量把水加热到一定温度的锅炉。具有烟箱、烟道余热回收利用装置的燃油锅炉、燃气锅炉、燃煤锅炉也称为余热锅炉。余热锅炉通过余热回收可以生产热水或蒸汽以供其他工段使用。

吸收式制冷机是一种利用吸收器—发生器组的作用完成制冷循环的制冷机。它用二元溶液作为工质。其中，低沸点组分用作制冷剂，利用它的蒸发来制冷；高沸点组分用作吸收剂，利用它对制冷剂蒸气的吸收作用来完成工作循环。吸收式制冷机主要由几个换热器组成。常用的吸收式制冷机有氨水吸收式制冷机和溴化锂吸收式制冷机两种。

广义上的燃气空调有多种形式：燃气直燃机；燃气锅炉+蒸汽吸收式制冷机；燃气锅炉+蒸汽透平驱动离心机；燃气吸收式热泵等。当前，以水—溴化锂为工质对的直燃型溴化锂吸收式冷热水机组应用较为广泛。溴化锂稀溶液受燃烧直接加热后产生高压水蒸气，并被冷却水冷却成冷凝水，水在低压下蒸发吸热，使冷冻水的温度降低；蒸发后的水蒸气再被溴化锂溶液吸收，形成制冷循环。直燃型溴化锂吸收式冷热水机组具有经济性好、运行稳定、安装简便、噪声小、安全性高、维修保养操作简便等优点。

二、常规天然气冷、热、电三联供系统

（一）"燃气轮机+余热锅炉+蒸汽型双效溴化锂吸收式冷水机组"应用方式

天然气被送入燃气轮机中燃烧做功，输出机械能带动发电机组发电。燃气轮机做功后出口烟气中的高品位余热传递至余热锅炉（温度一般为500~600℃），带动余热锅炉产生高温蒸汽并驱动吸收式冷水机在夏季时提供冷能；另一部分余热锅炉产生的蒸汽通过换热器提供生活热水。冬季的供热生活热水则通过燃烧天然气加热热水锅炉来供应。

该系统有以下应用特点：

（1）燃气轮机所发的电可以用来抵消楼宇夏季空调制冷所带来的电力高峰负荷，起到削峰的作用。

（2）燃气轮机废气用于蒸汽型双效吸收式冷水机的夏季供冷，同样起着电力削峰的作用。同时，燃气轮机出口烟气的余热得到充分利用，但缺点在

于冬季时吸收式冷水机处于停机状态，所以全年的设备利用率不高。

（3）冬季的供暖热水全部由天然气燃烧加热热水锅炉来供应，有设备容量过大、热效率较低、投资较大等缺点。

（4）由于采取"以电定热"的设计原则，针对具体楼宇（或区域）的冷、热、电联产系统，根据全年冷、热、电负荷变化，确定冷、热、电设备的热电化，是该系统设计和实施的关键。

（5）采用以天然气为燃料的燃气轮机单循环发电，其发电效率尽管可达35%以上（单机容量300 MW以上时），但楼宇（或区域）冷、热、电联供系统采用的是小型和微型燃气轮机（单机容量在10kW～10 MW之间或以下）设备，其单循环发电效率仅为18%～32%。若采用冷、热、电联供系统，由于对小型燃气轮机高温（500～600℃）余热的利用，其系统综合供热效率可达80%～85%；若采用以天然气为燃料的燃气轮机—蒸汽轮机联合循环装置，其发电效率可达55%～60%

该系统采用清洁热值高的天然气作为燃料，有发电设备体积小、轻便、启动迅速、系统的自动控制容易实现、废气和噪声公害小、一次性设备投资较小、见效快（建设周期短）等诸多优点。在城市中心区域作为大楼自备电与小规模冷暖供应的装置，应用前景广阔。

(二)"燃气轮机＋天然气直燃型溴化锂吸收式冷热水机组"应用方式

天然气被送入燃气轮机中燃烧做功，带动发电机发电；燃气轮机出口处高温烟气中的高品位余热部分代替常温空气进入直燃机，用来预热高压发生器的吸收剂溶液，使得天然气燃料的用量大幅降低；燃气轮机出口的富余烟气通过热交换器向建筑楼宇提供生活热水，当供热量不足时由直燃机补充提供。直燃机除了在夏季供冷和冬季供暖之外还可以兼供生活热水，它由天然气或部分燃气轮机出口处烟气的余热来供能。

该系统有以下应用特点：

（1）燃气轮机所发的电可以用来抵消楼宇夏季空调制冷所带来的电力高峰负荷，起到削峰的作用。

（2）直燃机既能在夏季供冷，也能在冬季供暖，设备全年利用率较高。缺点是直燃机除了只能利用部分燃气轮机出口烟气余热外，还需要天然气进行补燃，其综合冷能利用效率不高。

（3）采用小型或微型燃气轮机单循环发电装置时，电效率不高。冬季电力需求减少，燃气轮机出力不足，余热量减少，发电效率更要降低，一次能源利用率相对更低。在冬季供暖高峰时（尤其是对于黄河以北的广大北方城市），为保持燃气轮机发电的满负荷运行，应考虑"以电补热"的季节措施。此时若采用电动式压缩式热泵机组供暖，比采用直接电热供暖的能效利用更为合理。

（三）"燃气轮机＋燃气轮机驱动离心式冷水机＋蒸汽型溴化锂吸收式冷水机"应用方式

该系统存在两台燃气轮机。其中，一台用于输出机械能，带动发电机发电；另一台用于提供机械能给离心式冷水机，带动其运转。两台燃气轮机排出的高温烟气均经过余热锅炉用来提供高温水蒸气，其中一部分水蒸气用于驱动吸收式冷水机以供冷，另一部分则直接用于供暖及生活热水。

该系统有以下应用特点：

（1）采用一台燃气轮机直接驱动一台离心式冷水机供冷，其能效比很高。由于离心式冷水机的性能系数（COP）可达 5.0 以上，若该燃气轮机效率为 32%，则可得燃气轮机直接驱动离心式冷水机供冷时的单机一次能效率为 1.6。

（2）两台燃气轮机做功后排出的高温余热全部用于加热一台余热锅炉，余热得以充分利用。夏季通过吸收式冷水机供冷；冬季靠余热锅炉承担主要的供暖负荷和热水供应。从能源的有效利用角度看，该应用方式的组合系统非常合理，但在设计时需选择合理、高效的热电比。

（3）冬季时离心式冷水机和吸收式冷水机以及一台燃气轮机均处于停机状态，故全年设备利用率较低。除此之外，冬季供暖仅由余热锅炉提供，而余热锅炉仅由一台燃气轮机的出口烟气来提供热能，容易出现供热量不足的情况，此时就需要电热来供暖，故系统的能源利用率较低。

对于长江流域及其以南地区的城市，夏季供冷需求比冬季供暖需求更加突出，在设计中确定比较合理的热电比后，才有可能选择此种应用方式。

（四）"燃气轮机 + 余热锅炉 + 蒸汽轮机 + 各类制冷机或热泵装置"应用方式

该系统包括两台燃气轮机。其中，一台用于输出机械能，带动发电机发电；另一台用于提供机械能给离心式冷水机，带动其运转。两台燃气轮机排出的高温烟气均经过余热锅炉用来提供高温水蒸气，高温水蒸气通入蒸汽轮机驱动蒸汽轮机发电，蒸汽轮机出口处蒸汽再通过吸收式冷水机驱动制冷或直接用于供暖。

该系统有以下应用特点：

（1）该系统中燃气轮机与蒸汽轮机共同发电，而蒸汽轮机利用燃气轮机排出的高品位余热（500～600℃）发电，蒸汽轮机的余热蒸汽或抽汽又用于驱动吸收式冷水机夏季供冷或冬季供暖，形成良性的能量梯级利用，综合热效率可达80%～90%，几乎接近于完美的全能量、全资源的利用率。而要做到这样，只有以分布式的小型和微型能源装置为动力的DCHP和BCHP冷、热、电联供系统才有可能。

（2）由于该系统中余热锅炉产生的高温水蒸气先用于蒸汽轮机发电，再通入吸收式制冷供冷，系统能源利用率高，余热被充分利用。

（3）在该联合循环装置的DCHP和BCHP联合方式的策划和设计中，也必须遵循"以电定热"的能量利用原则。因为废热型DHC系统的本质是回收和合理利用传统火力发电装置系统中本不该白白浪费的排热、余热和废热，这是提高能源利用率、节约资源、保护环境和可持续发展的重要战略任务的需要。

（4）燃用天然气的燃气—蒸汽联合循环装置的动力方式。如余热蒸汽轮机的排热，也可用于吸式热泵中，提高能源利用率，并承担部分冬季的供暖需求；辅助燃气轮机2直接驱动活塞式冷水机、螺杆式冷水机、离心式冷水机等均可，只是驱动离心式冷水机时，能效比最高，但设备利用率低，视具体情况分析后方可决定。

（五）"燃气轮机 + 天然气型直燃机 + 电动压缩式热泵"应用方式

天然气通入燃气轮机燃烧做功；燃气轮机输出的机械能一部分用于驱

动发电机发电，另一部分用于驱动电动热泵用来供冷及供暖；燃气轮机出口烟气余热一部分提供给余热锅炉用于提供热水，另一部分提供给直燃机用于供冷及供暖；同时考虑到热量不够的情况，直燃机通常也由天然气补燃来提供热能。

该系统有以下应用特点：

（1）采用大楼自身燃气轮机发电电力，用于电动压缩式热泵的夏季供冷，只对直燃机夏季承担的主要负荷是一种补充；但如果冬季供暖时，利用电动压缩式供暖，则可以"以电补热"，从而保持燃气轮机发电基本负荷不变，在较高发电效率下运行的优势，其供暖又是直燃机在冬季供暖量的一种补充，且可增可减，调节方便灵活。电动压缩式热泵在供暖时，即使采用水源热泵供暖（利用地下水源），其能效系数也可达到 3.0 ~ 4.0，冬季平均供暖的能效系数可近 2.5，也较直接电热供暖合理得多。

（2）电动压缩式热泵可以吸收燃气轮机发电时排放的高温烟气中的显热及天然气燃烧过程中产生的水蒸气中的潜热，由于采用热泵使系统综合热效率提高，冬季可减少可观比例的天然气耗量。

（六）"燃气发动机 + 余热燃气空调"应用方式

燃气发动机为外界提供机械能，尾部烟气余热提供给余热燃气空调；余热燃气空调采取并行的策略；余热经余热燃气空调后再通过换热器来提供生活热水或供暖；加入旁通支路以调整两种余热利用措施的余热利用量。

该系统有以下应用特点：

（1）当余热热水温度为 90℃ 且稳定输出时，应用余热燃气空调可减少燃气用量 10% ~ 25%。80℃ 以上的余热热水均能被利用，且热水温度越高，余热回收性能越好。当余热热水温度低于可利用温度时，控制三通阀将余热热水自动切换至旁通管引出。

（2）余热热水系统与空调机组并列连接。当通过空调机组的余热热水量比设计水量大幅上扬时，可将多余水量从旁通管引出。

（七）"燃气发动机 + 余热燃气空调 + 热水吸收式制冷机"应用方式

燃气发动机为外界提供机械能，尾部烟气余热提供给余热燃气空调和热水吸收式制冷机。其中，热水吸收式制冷机与余热燃气空调采取并联设置；余热经余热燃气空调和热水吸收式制冷机后再通过换热器来提供生活热水或供暖。

该系统有以下应用特点：

（1）若余热不是定量输出，则无法确保热水吸收式制冷机的制冷能力，余热利用设备的工作状况受燃气发动机影响较大。在燃气发动机机组没有全部运行时也需要保证热水吸收式制冷机能以最大功率运行，余下的空调负荷由备用的余热燃气空调来承担。

（2）余热热水应按空调、采暖、供热水的顺序依次连接。对余热利用制冷设备来说，余热进口温度越高，余热回收量越大，夏天的余热利用率较高。

（3）为了确保热水吸收式制冷机的制冷能力，有必要对返回发动机的余热热水进行温度补偿控制。

三、天然气燃料电池供电系统

（一）建筑冷、热、电联供中的燃料电池

从理论上讲，燃料电池可将燃料能量的 90% 转化为可利用的电和热。据估计，磷酸燃料电池设计发电效率（HHV）最高可达 46%，熔融碳酸盐燃料电池的发电效率可超过 60%，固体氧化物燃料电池的效率更高。而且，燃料电池的效率与其规模无关，因而在保持高发电效率时，燃料电池可在其半额定功率下运行。燃料电池发电厂可设在用户附近，这样也可大大减少传输费用及传输损失。燃料电池的另一特点是在发电的同时可产生热水及蒸汽。其电热输出比约为 1.0，而汽轮机为 0.5。这表明在相同电负荷下，燃料电池的热载为燃烧发电机的 2 倍。除此之外，与燃烧涡轮机循环系统或内燃机相比，燃料电池的转动部件很少，因而系统更加安全可靠。燃料电池从未像燃烧涡轮机或内燃机因转动部件失灵而发生恶性事故。燃料电池系统发生的最大事故就是效率降低。

普通火力发电厂排放的废弃物有颗粒物（粉尘）、硫氧化物（SO）、氮氧化物（NO_2）、碳氢化合物以及废水、废渣等。燃料电池发电厂排放的气体污

染物仅为最严格的环境标准的十分之一，温室气体 CO_2 的排放量也远小于普通火力发电厂。燃料电池中燃料的电化学反应副产物是水，其量极少，与大型蒸汽机发电厂所用的大量的冷却水相比，明显少得多。燃料电池排放的废水不仅量少，而且比普通火力发电厂排放的废水清洁得多。因此，燃料电池不仅消除或减少了水污染问题，而且无须设置废气控制系统。由于没有像普通火力发电厂那样的噪声源，燃料电池发电厂的工作环境非常安静。又由于不产生大量废弃物（如废水、废气、废渣），燃料电池发电厂的占地面积也较小。燃料电池是各种能量转换装置中危险性最小的。这是因为，它的规模小，无燃烧循环系统，污染物排放量极少。

燃料电池按照不同的分类标准，有不同的类型，如以工作温度来划分，有低温、中温、高温和超高温燃料电池。但目前最常用的分类方法还是以燃料电池中最重要的组成部分即电解质来划分。电解质的类型决定了燃料电池的工作温度、电极上所采用的催化剂以及发生反应的化学物质。按电解质划分，燃料电池大致可分为五类：碱性燃料电池（AFC）、磷酸型燃料电池（PAFC）、固体氧化物燃料电池（SOFC）、熔融碳酸盐燃料电池（MCFC）和质子交换膜燃料电池（PEMFC）。

（二）燃料电池冷、热、电三联供系统

在所有的燃料电池中，固体氧化物燃料电池（SOFC）工作温度最高，属于高温燃料电池。近年来，分布式电站由于其成本低、可维护性高等优点已经渐渐成为世界能源供应的重要组成部分。SOFC 属于第三代燃料电池，是一种在中、高温下直接将储存在燃料和氧化剂中的化学能高效、环境友好地转化成电能的全固态化学发电装置，被普遍认为是在未来会与质子交换膜燃料电池（PEMFC）一样得到广泛普及应用的一种燃料电池。SOFC 的工作原理与其他燃料电池相同，在原理上相当于水电解的"逆"装置。其单电池由阳极、阴极和固体氧化物电解质组成，阳极为燃料氧化的场所，阴极为氧化剂还原的场所，两极都含有加速电极电化学反应的催化剂，工作时相当于一直流电源，其阳极为电源负极，阴极为电源正极。由于 SOFC 发电的排气有很高的温度，具有较高的利用价值，可以提供天然气重整所需热量，也可以用来生产蒸汽，更可以和燃气轮机组成联合循环，非常适用于分布式发电。

燃料电池和燃气轮机、蒸汽轮机等组成的联合发电系统不但具有较高的发电效率，同时也具有低污染的环境效益。

四、天然气微型燃气轮机供电系统

(一) 微型燃气轮机简介

微型燃气轮机是一类新近发展起来的小型热力发电机，其单机功率范围为 25 ~ 300kW，基本技术特征是采用径流式叶轮机械 (向心式透平机和离心式压气机) 以及回热循环。微型燃气轮机具有多台集成扩容、多燃料、低燃料消耗率、低噪声、低排放、低振动、低维修率、可遥控和诊断等一系列先进技术特征，除了分布式发电外，还可用于备用电站、热电联供、并网发电、尖峰负荷发电等，是提供清洁、可靠、高质量、多用途、小型分布式发电及热电联供的最佳方式，无论对中心城市还是远郊农村甚至边远地区均能适用。

与其他的发动机相比，微型燃气轮机发电机组具有以下优势：

(1) 寿命长。设备使用时长是其他类型设备的数倍甚至数十倍以上。

(2) 设备占地面积小，同样发电规模的微型燃气轮机发电机组占地面积远小于其他类型设备，同时移动性很好。

(3) 安全性高。由于只有一个运动部件，其故障率很低。内置式保护与诊断监控系统提供了预先排除故障的手段，在线维护简单。若采用空气轴承和空气冷却，无须更换润滑油和冷却介质。维修费用低，具有一系列的自动超限保护和停机保护等功能。

(4) 环保性好。噪声低，排气温度低，红外辐射小，排放超低，远远低于柴油发电机，有利于环境保护。

(二) 微型燃气轮机冷、热、电三联供系统

目前的微型燃气轮机冷、热、电联供系统在实际应用中尚存在一些问题：① 微型燃气轮机的发电成本高于同类型的柴油发电机组，在负荷较低时热效率也不及柴油发电机组。② 尽管通过回热技术等技术手段已有效地提高了系统的热功转换效率，但以微型燃气轮机作为动力的分布式能源系统的

热功转换效率依然低于大型集中供电电站。③ 微型燃气轮机均需要较高的天然气压力（最低 0.2MPa），而城市中低压管网往往不能满足这一要求，需要额外添加设备进行加压，在整体成本增加的同时也降低了系统的效率。

第三节　天然气的工业应用

天然气以其节能、环保、经济、方便等优点在工业领域得到了充分应用，主要应用于天然气锅炉、天然气窑炉、天然气发电、天然气汽车、制取氮肥、制取合成油和燃气空调等方面。随着世界、中国的天然气供气能力持续提升，以及我国天然气消费规模的持续增长，天然气在工业应用中将会扮演更加重要的角色。

一、天然气锅炉供气系统

（一）天然气锅炉简介

原国家环境保护部（现为生态环境部）发布的《京津冀大气污染防治强化措施》中明确指出限时完成散煤清洁化替代，目前煤改气已进入全面实施推进阶段。在政策的强力推动下，越来越多的燃煤锅炉被天然气锅炉替代，以天然气等清洁燃料为主的环保型供热系统在城市集中供热系统中获得了广泛的应用，燃气锅炉在本身清洁高效的基础上也在朝小型化、轻量化、高效率、低污染、提高组装化程度和自动化程度的方向发展。特别是，新型燃烧技术和强化传热技术使燃气锅炉的体积比以前大为减小，锅壳式蒸汽锅炉的热效率已高达 92% ~ 93%。其经济性、安全性、可使用性具体表现在以下几个方面：

（1）效率高。环保型燃气锅炉，特别是蒸汽锅炉，由于采用了低阻力型火管传热技术和低阻力高扩展受热面的紧凑型尾部受热面，其排烟温度基本上和大容量的工业锅炉相同，可达 130 ~ 140℃。

（2）结构简单。燃气锅炉采用了简单结构的受热面。例如，锅壳式锅炉采用了单波形炉胆和双波形炉胆燃烧、强化型传热低阻力火管，以及低阻型扩展尾部受热面。除此之外，还可根据具体要求配备低温（＜250℃）过热器受热面。而水管式锅炉采用了膜式壁型炉膛、紧凑的对流受热面，可配备引风装置。除此之外，还可根据具体要求配备高温（≥250℃）过热器受热面。

（3）使用简易配套的辅机。给水泵、鼓风机和其他一些辅机要和锅炉本体一起装配，且保证运输的可靠性。

（4）全智能化自动控制并配有多级保护系统。不仅配有完善的全自动燃烧控制装置，更配有多级安全保护系统，具有锅炉缺水、超压、超温、熄火保护、点火程序控制及声、光、电报警等功能。

（5）配备燃烧器（送风机）和烟道消声系统，降低锅炉运行的噪声。

（6）装备自动加药装置，水处理装置。

（7）配备其他监测和限制装置，至少应保证锅炉24h无监督安全运行。

（二）供气系统的设计

天然气供气系统是天然气锅炉房的重要组成部分，在设计时必须给予足够的重视。天然气供气系统设计的合理性，不仅与保证安全可靠运行的关系极大，而且对供气系统的投资和运行的经济性也有很大影响。

锅炉房供气系统一般由供气管道进口装置、锅炉房内燃气配管系统以及吹扫和放散管道等组成。

供气管道进口装置有以下设计要求：

（1）锅炉房燃气管道宜采用单母管；常年不间断供热时，宜采用双母管。采用双母管时，每一母管的流量宜按锅炉房最大计算耗气量的75%计算。

（2）当调压装置进气压力在0.3MPa以上，而调压比又较大时，管道可能会产生很大的噪声。为避免噪声沿管道传送到锅炉房，调压装置后宜有10～15m的一段管道埋地敷设。

（3）在燃气母管进口处应装设总关闭阀，并装设在安全和便于操作的地方。当燃气质量不能保证时，应在调压装置前或在燃气母管的总关闭阀前设置除尘器、油水分离器和排水管。

（4）燃气管道上应装设放散管、取样口和吹扫口。

（5）引入管与锅炉间供气干管的连接，可采用端部连接或中间连接方式。

当锅炉房内锅炉台数为4台以上时，为使各锅炉供气压力相近，燃气最好采用在干管中间接入的方式引入。

锅炉房内燃气配管系统有以下设计要求：

（1）为保证锅炉安全可靠运行，要求供气管路和管路上安装的附件连接严密可靠，能承受最高使用压力，在设计燃气配管系统时应考虑便于管路的检修和维护。

（2）管件及附件不得装设在高温或有危险的地方。

（3）燃气配管系统使用的阀门应选用明杆阀或阀杆带有刻度的阀门，以便操作人员识别阀门的开关状态。

（4）当锅炉房安装的锅炉台数较多时，供气干管可按需要用阀门隔成数段，每段供应2～3台锅炉。

（5）在通向每台锅炉的支管上，应装设关闭阀门和快速切断阀（可根据情况采用电磁阀或手动阀）、流量调节阀和压力表等。

（6）在支管至燃烧器前的配管上应装关闭阀，阀后串联2只切断阀，并应在两阀之间设置放散管（放散管可采用手动阀或电磁阀来调节）。靠近燃烧器的1只安全切断阀的安装位置，至燃烧器的间距尽可能缩短，以减少管段内燃气渗入炉膛的量。当采用电磁阀来切断时，不宜设置旁通管，以免操作失误造成事故。

锅炉房供气系统必须设置吹扫和放散管道，这是因为燃气管道在停止运行进行维修时，为了检查工作安全，需要把管道内的燃气吹扫干净。天然气管道在较长时间停止工作后投入运行时，为防止燃气—空气混合物进入炉膛引起爆炸，先要进行吹扫，使可燃混合气体排入大气中。

燃气管道在安装结束后，油漆防腐工程施工前，必须进行吹扫和试压工作，清扫和试压合格后，燃气管道系统才能投入运转。

燃气管道清扫完毕后，应进行强度试验和密闭性试验，试验工作可全线同时进行，也可分段进行，试压介质一般用压缩空气。

二、天然气工业炉供气系统

天然气工业炉主要由炉膛、燃气燃烧装置、余热利用装置、烟气排出装置、炉门提升装置、金属框架、各种测量仪表、机械传动装置及自动检测与自动控制系统等部分组成。

(一) 炉膛内热工作过程

工作炉的热工作过程的好坏，受核心部位炉膛影响很大，因为物料的干燥、加热及熔炼等过程都是在炉膛内完成的。因此，应了解工作炉的热工作过程，在一定的工艺条件之下，增强传热，以提高生产率。

炉膛内各种热交换是很复杂的，在换热过程中炉气是热源体，而低温物料是受热体。燃料燃烧所产生的热量，被炉气带入炉膛。其中部分热量传给被加热物料，部分热量通过炉体散失到炉外，还有部分热量通过温度降低后的炉气排出炉膛。

此外，炉壁也参加热交换，但在热交换中只起着热量传递的中间体作用，即炉气通过两种途径以辐射传热的方式将热量传给物料，一种是炉气→物料，另一种是炉气→炉壁→物料。除此之外，炉气还以对流的方式向物料传递热量。

在生产实践中，根据工艺的需要，可在不同的工作炉上采用各种不同的措施，使炉膛的辐射热交换带有不同的特点。概括起来，可有以下三种情况：

(1) 炉膛内炉气均匀分布。这时炉气向单位面积炉壁和物料的辐射热量相等，称为均匀辐射传热。

(2) 高温炉气在物料表面附近。这时炉气向单位面积物料的辐射热量大于向单位面积炉壁的辐射热量，称为直接定向辐射传热。

(3) 高温炉气在炉壁附近。这时炉气向单位面积炉壁的辐射热量大于向单位面积物料的辐射热量，称为间接定向辐射传热。

(二) 炉内气流组织

为了强化炉内传热、控制炉压以及降低炉气温差，必须了解气体在炉内的流动规律，并按工作炉的工作需要，加以合理组织。为此，应熟悉气体浮力及重力压头、气体与固体之间的摩擦力、气体的黏性以及气体的热辐射等基本规律。

气体流动的方向和速度取决于压力差、重力差、阻力及惯性力。在有射流作用的炉膛内，若重力差可以忽略，则炉气流动的方向和速度主要取决于压力差、惯性力和阻力。

影响炉气循环的主要因素如下：

（1）限制空间的尺寸。主要是炉膛与射流喷口横截面积之比。显然，若比值很大，则炉膛将失去限制作用，射流相当于自由射流，不产生回流；相反，若比值很小，则循环路程上的阻力很大，循环气体也将很少。在极端情况下，甚至会变成管内的气体流动，也没有回流。

（2）排烟口与射流喷入口的相对位置。射流喷入口与排烟口布置在同侧，将使循环气流加剧，因为同侧排烟在回流的循环路程上阻力最小。

（3）射流的喷出动量、射流与壁面的夹角以及多股射流的相交情况，这些因素对循环气流的影响，需按具体情况进行具体分析和实验才能判定。

炉气循环越强烈，炉膛内上下温差越小。某些低温干燥炉及热处理炉为使炉内呈均匀气温，经常采用炉气再循环的方法。

三、天然气发电系统

燃气轮机驱动系统由三部分组成：燃气轮机、压缩机、燃烧室。其工作原理为：叶轮式压缩机从外部吸收空气，将其压缩后送入燃烧室，同时燃料也喷入燃烧室与高温的压缩空气混合，在定压下燃烧。生成的高温高压烟气进入燃气轮机膨胀做功，推动动力叶片高速旋转，乏气排入大气中或再加利用。

燃气轮机所排出的高温高压烟气可进入余热锅炉产生蒸汽或热水，用于供热、提供生活热水或驱动蒸汽吸收式制冷机供冷，也可以直接进入排气补燃型吸收机用于制冷、供热和提供生活热水。

目前应用燃气轮机的发电系统主要有以下几种形式：

（一）简单循环发电

由燃气轮机和发电机独立组成的循环系统，也称为开式循环系统。其优点是装机快、启停灵活，多用于电网调峰和交通、工业动力系统。目前，效率较高的开式循环系统是通用电气（GE）公司的 LM6000 轻型燃气轮机，效率达到 43%。

（二）前置循环热电联产

由燃气轮机、发电机与余热锅炉共同组成的循环系统，它将燃气轮机排出的功后高温乏烟气通过余热锅炉回收，转换为蒸汽或热水加以利用，主要用于热电联产，也有的将余热锅炉的蒸汽回注入燃气轮机以提高燃气轮机的效率。前置循环热电联产的总效率一般均超过80%。为提高供热的灵活性，大多数前置循环热电联产机组采用余热锅炉补燃技术，补燃后的总效率超过90%。整套系统的核心设备只有燃气轮机与余热锅炉，由于其省略了蒸汽轮机，称为前置循环系统。余热锅炉不需要生产能够推动蒸汽轮机的高品位蒸汽，系统投资较低。为了提高其供能可靠性以及热、电、天然气的调节能力，在实际运行过程中往往加入蒸汽回注、补燃等技术。

（三）联合循环发电或热电联产

燃气轮机、发电机、余热锅炉与蒸汽轮机或供热式蒸汽轮机（抽汽式或背压式）共同组成的循环系统，它将燃气轮机排出的做功后的高温乏烟气通过余热锅炉回收转换为蒸汽，再将蒸汽注入蒸汽轮机以发电，或将部分发电做功后的乏汽用于供热。其形式有燃气轮机、蒸汽轮机同轴推动一台发电机的单轴联合循环系统，也有燃气轮机、蒸汽轮机各自推动各自发电机的多轴联合循环系统，主要用于发电和热电联产，发电时效率最高的联合循环系统是 GE 公司的 HA 燃气轮机联合循环电厂，效率达到62.2%。余热锅炉除了提供余热用于供暖、提供热水外，还向蒸汽轮机提供中温中压以上的蒸汽，再推动蒸汽轮机发电，并将做功后的乏烟气用于供热。这种系统发电率高，有效能量转换率高，经济效益较好。后置蒸汽轮机可以是抽汽凝汽式，也可以是背压式，但背压式蒸汽轮机使用条件较高，不利于电网、热网及天然气管网的调节，除非是企业自备的热电厂，用气用电稳定。一般的燃气—蒸汽联合循环电厂往往采用两套以上的燃气轮机和余热锅炉拖带1台或2台抽汽凝汽式蒸汽轮机，或使用余热锅炉补燃，以及双燃料系统来提高对电网、热网及天然气管网的调节能力和供能可靠性。

（四）核燃联合循环

由燃气轮机、余热锅炉、核反应堆、蒸汽轮机共同组成的发电循环系统，通过燃气轮机排出的烟气在热核反应堆输出蒸汽，并提高核反应堆蒸汽的温度、压力，以提高蒸汽轮机效率，降低蒸汽轮机部分的工程造价。该系统目前仍处于尝试阶段。

（五）燃气烟气联合循环

由燃气轮机和烟气轮机组成的循环系统，利用燃气轮机排放烟气中的剩余压力和热焓进一步推动烟气轮机发电。该系统可完全不用水，但烟气轮机造价较高，还未能广泛使用。

（六）燃气热泵联合循环

由燃气轮机和烟气热泵，或燃气轮机、烟气轮机和烟气热泵，或燃气轮机、余热锅炉、蒸汽热泵，或燃气轮机、余热锅炉、蒸汽轮机和蒸汽（烟气）热泵组成的循环系统。该系统在燃气轮机、烟气轮机、余热锅炉、蒸汽轮机等设备完成能量利用循环后，进一步利用热泵对烟气、蒸汽、热水和冷却水中的余热进行深度回收利用，或将动力直接用于推动热泵。该系统可用于热电联产、热电冷联产、热冷联产、电冷联产、直接供热或直接制冷等方向，热效率极高，是未来能源利用的主要趋势之一。

四、天然气化工工业

天然气化工工业是化学工业的分支之一，是以天然气为原料生产化工产品的工业。天然气通过净化分离和裂解、蒸汽转化、氧化、氯化、硫化、硝化、脱氢等反应可制成合成氨、甲醇及其加工产品（甲醛、醋酸等）、乙烯、乙炔、二氯甲烷、四氯化碳、二硫化碳、硝基甲烷等，也可以通过绝热转化或高温裂解制氢。由于天然气与石油同属埋藏于地下的烃类资源，有时为共生矿藏，其加工工艺及产品有密切的关系，也可将天然气化工工业归属于石油化工工业。天然气化工工业一般包括天然气的净化分离、化学加工（所含甲烷、乙烷、丙烷等烷烃的加工利用）。天然气化工工业的应用主要有以下 3 条途径：

（1）制备合成气，由合成气制备大量的化学产品（甲醇、合成氨等）。

（2）直接用来生产各种化工产品，如甲醛、甲醇、氢氰酸、各种卤代甲烷、芳烃等。

（3）部分氧化制乙烯、乙炔、氢气等。

我国天然气化工工业始于 20 世纪 60 年代初，现已初具规模，主要分布于四川、黑龙江、辽宁、山东等地。中国天然气主要用于生产氮肥，其次是生产甲醇、甲醛、乙炔、二氯甲烷、四氯化碳、二硫化碳、硝基甲烷、氢氰酸和炭黑以及提取氦气。20 世纪 70 年代以来，已兴建多座以天然气和油田伴生气为原料的大型合成氨厂，以及一批中、小型合成氨厂，使全国合成氨生产原料结构中，天然气所占的比例约为 30%；同时，还兴建了天然气制乙炔工厂以制造维尼纶和醋酸乙烯酯，乙炔尾气用于生产甲醇。采用天然气热氯化法生产二氯甲烷，作为溶剂供感光材料工业使用。

天然气化工工业已成为世界化学工业的主要支柱，目前世界上 80% 的合成氨、90% 的甲醇都以天然气为原料，在美国 75% 以上的乙炔以天然气为原料生产。天然气在化工原料中的应用有以下几方面：

（1）合成氨是生产氮肥不可替代的主要原料。石油价格的居高不下，导致重油价格上升，以天然气为原料的化肥比以重油为原料的化肥在成本上有明显的优势，因此，气头化肥成为化肥生产的重点。由于技术的进步，油头改气头化肥的生产已经相对成熟。

（2）甲醇是碳化学的关键产品，又是重要的化工原料，同时还是未来清洁能源之一，既广泛用于生产塑料、合成纤维、合成胶、染料、涂料、香料、饲料、医药、农药等，还可与汽油掺和或代替汽油作为动力燃料。

（3）天然气化工工业的发展还可以和氯碱工业发展相结合。我国氯碱工业的主要氯产品聚氯乙烯（PVC）总产量已突破 200 万 t，其中 50% 以上仍采用电石法制取，乙烯法制取的 PVC 受原料乙烯来源限制只占 30% ~ 35%，进口氯乙烯单体（VCM）或二氯乙烷（EDC）制取的 PVC 现占总量的15% ~ 20%。电石法环境污染严重，受环保政策限制，而用天然气生产乙炔再加工成 PVC 的方法，与电石法生产成本基本持平，但环保优势突出。

（4）随着近年国际天然气合成油技术及相关技术的突破，天然气制合成油已具有竞争力，天然气制成的合成油不含芳烃、重金属、硫等环境污染物，是环保型优质燃料，有十分广阔的消费市场。

（5）在天然气制氢方面，中国科学院大连化学物理研究所提出的天然气绝热转化制氢工艺采用廉价的空气做氧源，设计的含有氧分布器的反应器可解决催化剂床层热点问题及能量的合理分配，催化材料的反应稳定性也因床层热点降低而得到较大提高。该技术最突出的特色是大部分原料反应本质为部分氧化反应，控速步骤已成为快速部分氧化反应，较大幅度地提高了天然气制氢装置的生产能力。

除此之外，一些新技术如等离子体技术等也开始应用在天然气化工工业领域中。等离子体技术是实现 C—H 键活化的一种新技术，而实现甲烷中 C—H 键的选择性活化和控制反应进行的程度是甲烷直接化学利用的关键。C—H 键的常用活化方法有常规催化活化、光催化活化和电化学催化活化等，与常用活化方法相比，等离子体技术是一种有效的分子活化技术，它具有足够的能量使反应分子激发、离解或电离，形成高活化状态的反应物。

五、天然气用于交通运输

（一）天然气汽车

天然气汽车是指以天然气作为燃料产生动力的汽车，目前天然气汽车的主要应用方式为在汽车上装备天然气储罐，以压缩天然气（CNG）的形式储存，压力一般为 20 MPa。车用天然气可用未处理天然气经过脱水、脱硫净化处理后，经多级加压制得。天然气汽车具有以下特点：

（1）燃烧稳定，不会产生爆震，并且冷热启动方便。

（2）压缩天然气储运、减压、燃烧都在严格的密封状态下进行，不易发生泄漏。天然气储罐经过各种特殊的破坏性试验，安全可靠。

（3）压缩天然气燃烧安全，积碳少，能减少气阻和爆震，有利于延长发动机各部件的使用寿命，减少维修保养次数，大幅度降低维修保养成本。

（4）可减少发动机的润滑油消耗量。

（5）与使用汽油相比，可大幅度减少一氧化碳、二氧化硫、二氧化碳等的排放，并且没有苯、铅等致癌和有毒物质，有效避免危害人体健康。

天然气汽车可由普通汽油车进行改装，在保留原车供油系统的情况下增加一套车用压缩天然气转换装置即可。改装部分由以下3个系统组成：

（1）天然气系统。它主要由充气阀、高压截止阀、天然气储罐、高压管线、高压接头、压力表、压力传感器及气量显示器等组成。

（2）燃气供给系统。它主要由燃气高压电磁阀、三级组合式减压阀、混合器等组成。

（3）油气燃料转换系统。它主要由三位油气转换开关、点火时间转换器、汽油电磁阀等组成。

天然气储罐的罐口处安装有易熔塞和爆破片两种防爆泄压装置。当储罐温度超过100℃或压力超过26 MPa时，防爆泄压装置会自动破裂泄压。减压阀上设有安全阀。天然气储罐及高压管线安装时，均有防震胶垫，用卡箍牢固。因此，该系统在使用中是安全可靠的。

汽车以压缩天然气作燃料时，天然气经三级减压后，通过混合器与空气混合，进入气缸，压缩天然气由额定进气气压减为负压，其真空度为49~69 kPa。减压阀与混合器配合可满足发动机不同工况下混合气体的浓度要求。减压阀总成设有怠速阀，用于供给发动机怠速用气；压缩机减压过程要膨胀做功，从外部吸热，在减压阀上还设有利用发动机循环水的加温装置。为提高汽车的操作性能，驾驶室设置有油气燃料转换开关，用来统一控制油气电磁阀及点火时间转换器；点火时间转换器由电路系统自动转换两种燃料的不同点火提前角；仪表板上气量显示器的5只红绿灯显示储罐的储气量；燃料转换开关上还设有供发动机用气的供气按钮。因此，该系统功能齐全，操作非常方便。当燃料转换开关置于天然气位置时，电磁阀打开，汽油阀关闭。储罐中的天然气流经总气阀、滤清器、电磁阀，进入减压器，经多级减压至负压，再通过动力阀进入混合器，并与空气滤清器中的空气混合点燃，推动发动机曲轴转动。

混合器可在减压器的调节下，根据发动机不同工况下产生的不同真空度，自动调节供气量，使天然气与空气均匀混合，满足发动机的要求。由燃料转换开关通过控制汽油电磁阀和燃气电磁阀的开关，实现供油供气选择。

天然气汽车的工作原理与汽（柴）油汽车的工作原理一致。简言之，天然气在四冲程发动机的气缸中与空气混合，通过火花塞点火，推动活塞上下移动。尽管天然气与汽（柴）油相比，可燃性和点火温度存在一些差别，但天然气汽车采用的是与汽（柴）油汽车基本一致的运行方式。

与利用汽油和柴油作为燃料的汽车相比，天然气汽车具有以下优势或特点：

（1）天然气汽车是清洁燃料汽车。天然气汽车的排放污染大大低于以汽油和柴油为燃料的汽车，尾气中不含硫化物和铅，一氧化碳减少80%，碳氢化合物减少60%，氮氧化合物减少70%。因此，许多国家已将发展天然气汽车作为减轻大气污染的重要手段。

（2）天然气汽车有显著的经济效益。使用天然气可显著降低汽车的营运成本，天然气的价格比汽油和柴油的价格低得多，燃料费用一般节省50%左右，使营运成本大幅降低。由于油气差价的存在，改车费用可在一年之内收回。同时，维修费用也得到相应节省。发动机在用天然气作燃料后，运行平稳、噪声低、不积炭。使用天然气能延长发动机使用寿命，不需要经常更换润滑油和火花塞，可节约50%以上的维修费用。

（3）与汽油和柴油相比，天然气本身是比较安全的燃料。这表现在：① 燃点高，天然气燃点在650℃以上，比汽油燃点（427℃）高出223℃，所以与汽油相比不易点燃；② 密度低，天然气与空气的相对密度为0.48，泄漏气体很快在空气中散发，很难形成遇火燃烧的浓度；③ 辛烷值高，天然气辛烷值可达130，比目前的汽油和柴油辛烷值高得多，抗爆性能好；④ 爆炸极限窄，仅为5%～15%，在自然环境下，形成这一条件十分困难；⑤ 释放过程是一个吸热过程，当压缩天然气从容器或管路中泄出时，泄孔周围会迅速形成一个低温区，使天然气燃烧困难。

（4）天然气汽车所用的配件比汽油和柴油汽车的要求更高。国家颁布了严格的天然气汽车技术标准，从加气站设计、储罐生产、改车部件制造到安装调试等，每个环节都形成了严格的技术标准，在设计上考虑了严密的安全保障措施。对高压系统使用的零部件，其安全系数均选用1.5～4；在减压调节器、储罐上安装有安全阀；在控制系统中，安装有紧急断气装置。储罐出厂前要进行特殊检验，常规检验后还需充气进行火烧、爆炸、坠落、枪击等试验，合格后，方能出厂使用。天然气汽车发展至今，从未出现过因天然气爆炸、燃烧而导致车毁人亡的事故，这说明天然气汽车是十分安全可靠的。

（5）与汽油和柴油汽车相比，天然气汽车的动力性略有降低，一般会降低 5% ~ 15%。

但需要指出的是，天然气汽车的使用会随着天然气的价格以及供需状况而受到很大的影响。当天然气供应出现短缺时天然气汽车则无法工作，同时随着天然气价格的上涨，天然气汽车的使用成本也会有所增加。天然气加气站的建设情况也决定了天然气汽车的普及程度。

(二) 天然气船舶

天然气船舶是指以天然气作为驱动发动机燃料的船舶，而船载天然气的形式通常又为液化天然气（LNG），天然气船舶也称为 LNG 动力船。我国近海、内河航运资源丰富，拥有大、小天然河流 5800 多条，总长 43 万 km，液化天然气的水上应用对减少大气污染、保护水域环境，具有十分深远的现实意义。天然气船舶的推广和实施将促进国家清洁能源政策的落实和环境优化治理。目前，天然气船舶正受到越来越多的关注，随着大气污染和水污染防治工作的不断深化，我国推广天然气船舶工作有了实质性的进展，试点、示范工作积极推进，相关政策、标准、规范等正陆续出台，并已设定排放控制区。

与将柴油等其他燃料作为发动机燃料的船舶相比，天然气船舶具有以下优势：

（1）燃料成本低，液化天然气的市场价格远低于普通燃油，使用液化天然气作为燃料可以大大减少运行成本。

（2）船用天然气发动机与燃油发动机相比，其运行时长明显长得多，因此可以说船用天然气发动机具有较高的保值率，使用寿命更长。

（3）在相同的能量功率输出下，天然气的二氧化碳排放只有石油二氧化碳排放量的 71.34%，氮氧化物排放比石油的减少了 80%，微小颗粒排放比石油的减少了 92%。天然气船舶的环境友好性要远远高于传统燃油动力船舶。

液化天然气作为船用燃料所需的基础设施投资是其作为船用燃料的最大局限，这些基础设施包括为数众多的 LNG 加注站、LNG 接受站、LNG 浮式仓储以及相关的管线、槽车等。液化天然气作为船用燃料要大规模使用，必须有一条完善的物流链作为基础，而建设完善的物流链的巨大投资则是供应商面临的最大问题。在液化天然气作为船用燃料没有大规模运用前，液化天然气供应的物流链很难大规模出现，而液化天然气供应的物流链的缺失又抑制了液化天然气作为船用燃料的发展。除此之外，液化天然气的储存问题也是以天然气作为发动机燃料的另一难题。

第五章　天然气管道运行与管理

第一节　输气站的工艺流程

在输气站内，把设备、管件、阀门等连接起来的输气管路系统，称为输气站工艺流程(简称工艺流程)。工艺流程展示了输送气体的来龙去脉。

将工艺流程绘制成图即为工艺流程图，它是工艺设计的依据。工艺流程图不按比例，不受总平面布置的约束，以表达清晰、易懂为主。流程图上应注明管道及设备编号，附有流程的操作说明、管道说明(管径、输送介质)、设备及主要阀门规格表。

可行性研究及初步设计阶段，需绘制输气系统的原理流程图，反映输气系统操作、主要设备、阀件及管路间的联系。施工图设计时，需绘制工艺安装流程图，用以指导施工图设计及输气管道施工、投产及运行管理。它应反映站内整个工艺系统，包括输气及辅助系统在内。工艺安装流程图上主要设施的方位，以及主要管线的走向与总平面布置大体一致。

一、确定工艺流程的原则

制定和规划工艺流程要考虑以下原则：

(1) 满足输送工艺及各生产环节(试运投产、正常输气等)的要求。输气站的主要操作包括：① 接受来气与分输；② 分离过滤与排污；③ 调压与计量；④ 收发清管器；⑤ 增压与正常输送；⑥ 安全泄放与排空；⑦ 紧急截断。

(2) 便于事故处理和维修。长输管线由于其线长、点多、连续性强，所以输气站的突然停电、管道穿孔或破裂、紧急放空和定期检修、阀门的更换等，都是输气生产中常见的，流程的安排要方便这类事故的处理。例如，考虑到事故处理时的紧急截断与放空，根据沿线人员密集情况在主要地段设置必要的自动紧急截断阀、放空阀等。

（3）采用先进工艺技术及设备，提高输气水平。

（4）在满足以上要求的前提下，流程应尽量简单，尽可能少用阀门、管件，管线尽量短、直、整齐，充分发挥设备性能，节约投资、减少经营费用。

二、工艺流程图的绘制

原理工艺流程图在绘制时，不按比例，不受总平面布置的约束，以表达清晰、易懂为主。在图中，要反映出输气的工艺流程、主要设备型号、管线和阀门尺寸。绘制工艺流程图时，可按平面布置的大体位置，将各种工艺设备布置好，然后，按输气生产工艺以及辅助系统的工艺要求，用规定的绘图标准（如设备的画法、管线的画法等），将管线、管件、阀件等设备连接起来。一般说来，完整的工艺流程图的绘制应注意以下几点：

（一）基本要求

因为原理工艺流程图无比例，在绘制时，应注意各设备的轮廓、大小，相对位置应尽量做到与现场相对应。

（二）管线的画法

主要工艺管线用粗实线表示，次要的或辅助管线（氮气置换、放空、燃料气等管线及设备轮廓线）用细实线表示。每条管线要注明流体代号、管径及气体流向。图中只有一种管线时，其代号可不注，同一图上某一种管线占绝大多数时，其代号也可省略不注，但要在空白处加以说明。管线的起止处要注明流体的来龙去脉。同时，应注意图样上避免管线与管线、管线与设备间发生重叠。通常把管线画在设备的上方和下方，若管线在图上发生交叉而实际上并不相碰时，应使其中一管线断开或采用半圆线。一般说来，应采用横断竖不断、主线不断的原则。当然，在一张图上，只要采用一致的断线法即可。

（三）阀门的画法

管线上的主要阀门及其他重要附件要用细实线按规定图例在相应处画

出。同类阀门或附件的大小要一致，排列要整齐，还要进行编号，并应附有阀门规格表。

(四) 设备画法

各种设备用细实线按规定图例画出，大小要相应，间距要适当。对于一张图上画有较多的设备时，要进行编号，编号用细实线引出，注在设备图形之外。对于比较简单的工艺流程图上的设备则通常省略编号，而将设备名称直接注在设备图形之内。

除上述几项要求以外，对图中所采用的符号必须在图例中说明清楚。另外，通常一张完整的工艺流程图还应附有流程操作说明、标题栏和设备表等。

三、输气站工艺过程

(一) 无压缩机的中间分输站

无压缩机的中间分输站主要功能具有分离除尘、调压计量、清管器收发、安全泻放、越站、放空排污、数据采集上传及控制、阴极保护、配发电、自烧锅炉供暖等功能。

其主要配置球阀、安全泄放阀、节流截止阀、绝缘接头、清管三通、球过指示仪收发球筒、汇管、分离器、阀套式排污阀、安全切断阀、孔板阀、现场指示仪表、变送器、配电柜、X1400-63-28 型燃气发电机、现场指示及远传仪表、恒电位仪 (包括阴保设备和牺牲阳极地床)、锅炉、PLC、UPS 等。

(二) 清管站

清管站主要功能有分离除尘、收发清管器、越站、放空、排污、安全泻放、阴极保护等。其主要配置球阀、收发球筒、排污阀、节流截止放空阀、旋风分离器、汇管、安全阀、绝缘接头、球过指示仪、清管三通、温度压力现场指示仪表、太阳能供电系统 (包括太阳能极板、转换充供电设备、电瓶)、阴极保护系统 (包括恒电位仪、参比电极、阳极地床)。工艺描述在正常情况下天然气走越站流程。在清管时走站内流程 (越站阀关闭) 特殊情况下也可走站内流程（比如管线内杂物较多时）。

（三）有加热设备的中间分输站

一般 LNG 管道，或北方冬季地区为防止输气管道发生水合物冰堵，往往要对天然气进行加热。目前，天然气加热方法主要有介质换热和直接加热两种。

1. 工艺流程

接收首站来气，一部分天然气经过滤分离器处理，再经计量、加热（LNG 终端站输入管线气体温度为 0～4℃）和压力调节向下游输送，供城市燃气用户使用。其余天然气去分输站、1″ 分输阀室和 2″ 分输阀室。分输站设有 1 座清管收球筒，3 座清管发球筒，并设有紧急截断、安全放空和越站等流程。

2. 分离系统

采用两路卧式全结构分离过滤分离器，运行方式为 1 用 1 备。过滤分离器前后装有差压变送器，过滤分离器两端压差达到 0.1MPa 时，过滤分离器可能堵塞，此时会先报警，当两端压力达到 0.15MPa 时，发出连锁信号，通过过滤分离器后的气动球阀关闭出现故障的一路，切换到备用回路。

3. 计量系统

采用两路超声波流量计，日常运行方式为 1 用 1 备。当一路出现故障时，通过开关流量计后的气动球阀 XV-2131 或 XV-2132 关闭故障回路，切换到备用回路为保证流量计计量精度，两个流量计之间可通过阀门的切换实现工作流量计和备用流量计的比对。

4. 加热系统

为保证减压后提供给城市用户的天然气温度，在给城市燃气供气方向设置了气体加热器，以在减压前提高天然气温度。气体加热采用两路水套式加热炉，1 用 1 备。从加热器前总管引出的天然气经过加热、调压后作为加热炉燃料。当出现水温过高或过低、燃料气压力过高或过低、工艺气温度过高或过低、工艺气压力过高或过低、火焰喷出气体加热器、烟囱温度过高和水位过低等情况时，加热炉自动熄火，快速关闭切断阀，人工启用备用回路。

在天然气调压撬座后设置温度传感器，根据减压后的天然气温度调节气体加热器负荷大小，温度低时增加负荷，温度高时减少负荷。

5. 调压系统

采用两路压力调节撬，日常运行方式为 1 用 1 备。每路压力调节撬由 1 个安全截断阀、1 个监控气动调节阀和 1 个气动工作调节阀串联组成。当调节撬后压力低时，报警通告操作人员，压力过低时，需自动启用备用回路。当调节撬后压力持续升高达到 4.1MPa 时，报警通告操作人员，同时主压力调节撬上监控气动压力控制阀投用，以保证对下游用户的供气压力。若此时调节撬后压力仍然升高超过 4.2MPa，说明主调节回路这两个气动阀调节失效关闭主调节回路进口气动启动球阀，切换到备用调节回路。只有当调节撬后气体压力超过 4.3MPa 时，安全截断阀才关闭，确保对下游供气的安全。安全截断阀关闭后，需要在现场人工复位。

当下游供气压力在正常范围内时，提供给下游用户的天然气流量可能超过合同限定的最大值，将无法保证对其他用户的正常供气。此时流量控制器控制调节阀开度，限制对下游用户的供气量。

6. 排污系统

站内卧式过滤分离器设有 2 个排污口，每个排污口安装 1 个手动球阀，然后通过 1 个排污阀进行排污；清管器接收筒和汇气管排污采用双阀设置，前端为手动球阀，后端为排污阀。所有排污通过排污汇管输到排污池。

7. 放空系统

工艺设备区进、出站管线和各管段都设有手动放空，手动放空采用双阀设置，前端为常开的球阀，后端为放空阀。在设备进行维护和检修时，站内的放空系统可将管段内天然气放空；在干线出现事故时，进、出站口的放空系统可将干线的天然气放空。

站内还设有手动遥控放空系统，采用双阀设置，前端为常开的手动球阀，后端为气动放空阀，与进、出站的 SDV 阀联动。当 SDV 阀关闭后，可由人工决定是否打开气动放空阀将站内天然气放空。当 SDV 阀开启时，将不允许远程遥控打开气动放空阀门放空站内的天然气。

在去城市燃气的出站管道上设有超压安全泄放阀，当分输管道出口压力高于设定值时，将自动安全泄压。高、低压放空天然气分别经放空管线送到放空立管。

8. 紧急截断

在站内发生紧急情况或重大事故的情况下，进站紧急截断阀（SDV）将立即关断，使干线与站场分隔开，由 SCADA 系统控制，人工干预决定是否将站内的天然气放空，以保证站场、干线和支线用户的安全。

篇幅所限，这里不再对输气站的其他流程工艺进行一一介绍。

第二节　输气站场运行与管理

一、原则

天然气输送管道系统在满足天然气用户需求、管道系统运行安全可靠的前提下，通过科学管理和技术进步，使系统在高效、低耗的经济状态下运行。

管道投产后，应在最短的时间内使管道的输量达到设计的负荷水平。一条管道经营期间的总输送量是体现它的建设和经营投资效果的基本指标。管道在运转前期处于最好的工作状态，能否实现这一目标，对于缩短基建投资的回收期和增大总的经济效果有决定性影响。中期后，管道的输送能力因受各种因素的影响将逐渐降低，与此同时，管道的维修费用亦将不断增加，这是管道输送能力变化的一般趋势。

应当尽量提高和保持管道的输送能力。在其他因素不变的情况下，管道的输送能力基本决定于气体的净化程度和管道的内部和内壁状况；这两个因素又是相互联系的。气体的净化、清管和内涂技术的发展，为不断提高管道输送能力的工作打开了广阔的前景。

天然气中固体颗粒含量应不影响天然气的输送和利用。进气点（包括地下储气库中所储天然气进入管道的入口）应配有微水分析仪、硫化氢和二氧化碳分析仪进行监测。天然气高位发热量、压缩因子、气质组分分析应每季度一次；天然气硫化氢的测定应每月一次；天然气二氧化碳的测定应每月一次；天然气水露点的测定应每天一次；天然气烃露点的测定宜每月一次。当气源组成或气体性质发生变化时，应及时取样分析。气质分析和气质监测资料应及时整理、汇集、存档。输气管道应根据管道实际运行情况及时组织清管作业，清除管道内杂物、积液，减少管道内壁腐蚀，延长管道使用寿命。

管道从建成之日起就应当采取有效的防腐措施，尽量延长管道的使用寿命。防止管道的腐蚀也是确保管道可靠性，使它得以长期安全生产的必要条件。维护好管道的外壁绝缘层，实行阴极保护，通常是外壁防腐的基本内容。内壁腐蚀主要发生在天然气含硫和含水的管道中，目前采用的内壁防腐措施以及时清管和加注缓蚀剂为主。现在由于采取早期净化的矿场预处理，提出了一定的管输气体净化指标，所谓管道的内腐蚀问题，对大多数长距离输气管道已经不是主要问题。

管道的维修工作应当以维持管道和管道设备的高度完好状况，充分发挥管道的输送能力，确保长期安全生产为中心任务。输气管道的线路长，站场分散，输送高压可燃易爆气体，其生产具有不可中断性，对维修和事故抢修工作提出了十分严格的要求。这些要求使它的维修工作具有许多特点。管道设备必须定期检查、维护和修理，应当有科学的检查方法，配备专用检测仪器，以便发现管道的绝缘层损坏、腐蚀、漏气、变形等各种隐蔽性问题。维修工作应有严格的质量标准。从事维修和抢险作业应具有快速、机动和专业化的施工技术和机具。同时，要有一套有效的防火、防爆、防毒等安全技术措施，其中应包括安全检测和报警仪表，防护和抢修工具设备及相应的安全操作规程。

应当根据实际需要，采用先进技术和管理方法，不断提高生产技术水平和管理工作质量及效率，降低各项经营费用。根据天然气输送计划、供气合同，宜利用计算机模拟仿真软件，合理编制输、供气方案，择优选择需要运行的压气站和压缩机运行台数，以能耗最低、最经济为目标设定运行参数控制值，实现优化输供气。输气管道尽可能维持稳态工况，而且使管线的流量尽可能接近用气流量。输气管道向用户供气的压力应符合合同规定的供气压力。输气管道应合理利用气源压力，当需要增压输送时，应合理选择压气站运行方式。制定合理的管道调峰（包括季调峰和日调峰）运行方案。制订合理的储气库运行方案。压气站特性和管道特性应匹配，在正常输气条件下，压缩机组应在整个系统合理的状态下运行。宜尽量减小压气站内的总压降，合理控制气体出站温度。加强设备的维护管理，杜绝泄漏损失。计划维修、检修应尽量和上、下游协同进行，并集中作业，减少放空量。采用密闭不停气清管流程，应最大限度减少清管作业时的天然气放空量。加强对自用气量的定额管理，提高天然气商品率。降低电力系统的电能损耗（包括线路和变压器），提高功率因数，凡功率因数未达到 0.9 以上者，应进行无功补偿。及时分析设备、管道运行效率下降的原因，提出改进方案。

二、站场设备管理要求

站场设备管理要求做到一准、二灵、三不漏。

(一) 准确

(1) 计量装置（节流装置、导压管、温度计插孔等）各部分尺寸、规格、材质的选择和加工、安装应符合计量规程要求。

(2) 计量仪表中的微机、变送器、节流装置应配套，不断提高操作技能，使计量简便、快捷、准确。

(3) 调压装置的规格、型号选择合理，安装正确，适应工作条件，保证有足够的流通能力和输出压力，调压波动在允许值内。

(4) 各种仪表选择、安装、配套、调校正确，在最佳范围内工作，误差不超过允许值。

(二) 灵活

(1) 各类阀门的驱动机构灵活、可靠，开关中无卡、堵、跳动等不良现象。

(2) 调压装置动作灵活、可靠性强。

(3) 收发球装置开关灵便、密封性好。

(4) 安全装置、报警装置应随时处于良好工作状态，对压力变化反应灵敏、报警快。

(5) 通信设备畅通、音质清晰。

(三) 不漏

(1) 法兰、接头、盘根严密，设备管线固定牢靠，试压合格。整个站场在最高工作压力下，油、水、汽线路不得有跑、冒、滴、漏现象。

(2) 电气设备不得有外层残缺和漏电现象，站场防雷接地保护好。

(3) 所有设备、仪表内外防腐良好，无锈蚀和防腐层脱落。

科学地进行输气站管理工作，是当前输气事业发展对我们提出的要求。为了保证安全平稳地输好天然气，不断提高经济效益，除了抓好技术工作外，还应当完善各项管理制度，把日常的管理工作纳入规范化的轨道。

三、岗位要求

（1）各岗位的职工必须加强岗位练兵，熟练掌握岗位应知应会的知识技能和操作规程。对本岗位所管理的管线、设备、计量装置、仪表应做到"四懂"（懂设备结构、性能、原理、用途），"三会"（会使用、保养、排除故障）及"十字作业"（清洁、润滑、调整、扭紧、防腐）内容的要求。

（2）各岗位职工必须按规定经专业技术培训，并考试合格，持证上岗。

（3）各岗位职工应按规定穿戴好劳动保护用品上岗。

（4）各岗位职工必须严格执行以岗位责任制为核心的各项制度和操作规程。

（5）各岗位职工必须团结协作，圆满完成输气生产的各项工作任务。

（6）各岗位应做到管理标准化、规范化，工作质量优良化。

（7）各岗位职工必须遵守厂纪厂规，不迟到、不早退、不脱岗、不乱岗、不睡岗，严禁酒后上岗，杜绝意外事故的发生。

四、输气站制度建设

输气站制度建设应根据本站类型特点、工艺流程情况，由输气队统一制定，应建制度有：

(1) 站长责任制；

(2) 输气工岗位责任制；

(3) 管线维护工岗位责任制；

(4) 主要工艺设备操作规程；

(5) 恒电位仪操作规程；

(6) 阴极防腐站管理制度；

(7) 材料房管理制度；

(8) 防火防爆制度；

(9) 安全环保制度。

五、输气站的站场工艺建设管理

(一)站场建设要求

(1)站场建设应从规划、设计到施工,做到标准化、规范化。工艺生产区与职工生活区必须留有足够的安全距离,输气生产的污物排放点、放空点应处于工艺生产区和职工生活区的下风方向。

(2)工艺生产区场地应平阔、整洁。场地宜用粗砂打底,小方水泥块敷设。维修设备的进出车道的宽度及起吊设备的回旋地块应留足够空间,做成混凝土地面。

(3)站场生活住宅、供水供电工程及通信工程的建设应与站场工艺建设同步进行,按时交付使用。

(4)站场的绿化及绿化布置应因站制宜,符合有关规定。

(二)工艺流程

1.工艺流程布置要求

(1)布局总要求:输气站的工艺流程一般应具有汇集、分离、过滤、调压、计量、分配和清管等几部分组成,应布局合理,便于操作和巡回检查。

(2)每套平行排列的计量装置之间间距应留足,便于操作。

(3)计量管道中心线离地面高度宜不小于0.5m。

(4)若有平行排列的计量管,其计量管长度应以最长一套计量管的长度为基准,上、下游控制阀、温度计插孔、计量放空管、节流装置(或孔板阀)及旁通立柱及位置均应排列在相对的同一条横线上。

2.工艺流程安装要求

(1)输气站内工艺流程的安装必须按标准和设计要求执行。

(2)当计量管管径 DN > 100mm 时,宜在上游计量管直管段上安装一根放空管,其管径在 40mm > DN > 15mm 之间确定,放空管安装位置可设在上游控制阀后2m处的管顶部位。

(3)同规格的阀门、调压阀、法兰、节流装置(或孔板阀)等应用统一规格的螺栓,两端突出螺帽部分的丝扣应为2~3扣。

（4）同一条线上的阀门的安装方向，即手轮、丝杆的朝向应一致。

（5）设备上的铭牌应保持本色、完好，不能涂色遮盖住。

（6）站场出入地面管线与地面接触处，绝缘层高度应高出地面 100mm。

（7）输气干线进出站压力应安设限压报警装置。

3. 地面管线和设备的涂色规定

（1）地面管线和设备的涂色必须按 SY/T 0043—2006 执行。

（2）球筒应涂中灰色。

（3）放空、排污管线涂色应始于该管线沿气流方向第一只控制阀门的法兰。

4. 设备维护保养要求

（1）对设备、计量装备、仪表、管线等设施应按"十字作业"和巡回检查路线进行检查，维护保养，发现问题及时处理，并做到"一准""二灵""三清""四无""五不漏"

（2）对在用设备、仪表应挂牌标明。

（3）站内停用设备应挂牌标明，对待用、备用设备应每月活动一次，并进行维护保养。

（4）对明杆阀门的丝杆应加套筒保护，对温度计应加塑料套筒保护。

5. 场地管理要求

（1）站内备用的钢管、管件、阀门、材料等应集中堆放整齐，加以保养，不得阻碍进出通道，不得妨碍生产操作。废品、废料宜及时清离现场。

（2）在工艺生产区场地内严禁当晒坝使用，严禁乱搭偏棚。

（3）站场场地应建围墙。围墙内壁严禁书写永久性宣传标语，或张贴宣传标语。上级要求的标语可做成活动型标语，悬挂在围墙内壁上，以便更换。

6. 输气站保密要求

（1）输气站生产区未经输气公司、输气队同意，严禁参观、拍照、录像。

（2）输气站生产区严禁非本单位人员入内，若是来站联系工作，只能在生活区接待。

（3）输气站的岗位设置、人员调动、资料数据，不得外传泄密。

第三节　输气管道安全管理与维护

一、输气管道安全设施

输气管道安全设施一般包括：

(1) 压力、温度调节系统；

(2) 自动连锁控制保护系统；

(3) 安全泄放系统；

(4) 紧急截断系统；

(5) 火灾、火焰、可燃气体监测报警及灭火系统；

(6) 有毒有害气体监测报警系统；

(7) 管道泄漏监测报警系统；

(8) 腐蚀控制与监测系统；

(9) 自然灾害防护和安全保护设施；

(10) 标志桩、铺固墩和警示设施。

输气管道运行中应定期检查管道安全设施，确保输气管道安全设施完好，设置正确，操作灵活有效。

二、输气生产区的警示标志

输气站生产区内设置安全生产警示标志，应执行标准《石油天然气生产专用安全标志》规定。

(一) 禁止标志

(1) 生产区大门口应设置"严禁烟火""外单位人员严禁入内"的标志。

(2) 站内应按规定设置"禁止乱动""严禁酒后上岗"的标志。

(3) 消防棚内应设置"禁止乱动消防器材设施"的标志。

(二) 警告标志

(1) 排污池应设置"当心天然气爆炸"的标志。

(2) 仪表间应设置"注意通风"的标志。

（3）排污、放空总间应设置"当心泄漏"的标志。

（三）提示标志

（1）站场工艺流程巡回检查路线应设置"检查路线"的标志。

（2）站场阴极保护通电点应设置"检查点"的标志。

三、试运投产安全管理

管道试运投产执行 SY/T 5922、SY/T 5536、SY 5225、SY 6320 等标准的规定。

（一）试运投产准备

（1）编制投产试运方案，并经相关单位和主管部门批准后实施。

（2）制定事故应急预案和事故防范措施，并进行演练。

（3）落实抢修队伍和应急救援人员，配备各种抢修设备及安全防护设施。

（4）投产试运方案必须进行现场交底，操作人员应经现场安全技术培训合格。

（5）建立上下游联系并保证通讯畅通。

（6）管道单体试运、联合试运合格。

（二）试运投产安全措施

（1）对员工及相关方进行安全宣传和教育，在清管、置换期间无关人员不得进入管道两侧 50m 以内。

（2）天然气管道内空气置换应采用氮气或其他无腐蚀、无毒害性的惰性气体作为隔离介质，不同气体界面间宜采用隔离球或清管器隔离。

（3）天然气管道置换末端必须配备气体含量检测设备，当置换管道末端放空管口气体含氧量不大于 2% 时即可认为置换合格。

（4）加强管道穿（跨）越点、地质敏感点、人口聚居点巡检。

（5）试生产运行正常后、管道竣工验收之前，应进行安全验收评价，安全验收评价机构不得与预评价为同家机构，并应进行安全设施验收。

四、输气管道运营安全管理

（1）建立健全安全生产管理组织机构，按规定配备安全技术管理人员。

（2）建立并实施管道质量、健康、安全与环境管理体系。

（3）逐步开展管道完整性管理工作。

（4）管道运营单位应加强管道安全技术管理工作，主要包括：

① 贯彻执行国家有关法律法规和技术标准；

② 制定管道安全管理规章制度；

③ 开展管道安全风险评价；

④ 进行管道检验、维修改造等技术工作；

⑤ 开展安全技术培训；

⑥ 组织安全检查、落实隐患治理；

⑦ 按标准配备安全防护设施与劳动防护用品；

⑧ 组织或配合有关部门进行事故调查；

⑨ 应用管道泄漏检测技术；

⑩ 开展管道保护工作，清理违章占压；

⑪ 编制管道事故应急预案并组织演练。

（5）管道运营单位，应建立管道技术管理档案，主要包括：

① 管道使用登记表；

② 管道设计技术文件；

③ 管道竣工资料；

④ 管道检验报告；

⑤ 阴极保护运行记录；

⑥ 管道维修改造竣工资料；

⑦ 管道安全装置定期校验、修理、更换记录；

⑧ 有关事故的记录资料和处理报告；

⑨ 硫化氢防护技术培训和考核报告的技术档案；

⑩ 安全防护用品管理、使用记录；

⑪ 管道完整性评价技术档案。

（6）管道运营单位制定并遵守的安全技术操作规程和巡检制度，其内容至少包括：

①管道的工艺流程图及操作工艺指标；

②启停操作程序；

③异常情况处理措施及汇报程序；

④防冻、防堵、防凝操作处理程序；

⑤清管操作程序；

⑥巡检流程图和紧急疏散路线。

（7）管道维修改造方案应包括相应的安全防护措施与事故应急预案，并报主管部门批准。进行动火作业时，应按有关规定办理相关手续。

（8）管道安全、消防设施应按规定使用、维护、检测、检验。

五、输气干线维护管理

管道保护应执行中华人民共和国石油天然气管道保护法。

（1）禁止下列危害管道安全的行为：

①擅自开启、关闭管道阀门；

②采用移动、切割、打孔、砸撬、拆卸等手段损坏管道；

③移动、毁损、涂改管道标志；

④在埋地管道上方巡查便道上行驶的重型车辆；

⑤在地面管道线路、架空管道线路和管桥上行走或放置重物；

⑥禁止在管道附属设施的上方架设电力线路、通信线路或在储气库构造区域范围内进行工程挖掘、工程钻探、采矿。

（2）在管道线路中心线两侧各5m地域范围内，禁止下列危害管道安全的行为：

①种植乔木、灌木、藤类、芦苇、竹子或其他根系深达管道埋设部位可能损坏管道防腐层的深根植物；

②取土、采石、用火、堆放重物、排放腐蚀性物质、使用机械工具进行挖掘施工；

③挖塘、修渠、修晒场、修建水产养殖场、建温室、建家畜棚圈、建房以及修建其他建筑物、构筑物。

（3）在管道线路中心线两侧和管道附属设施周边修建下列建筑物、构筑物的，建筑物、构筑物与管道线路和管道附属设施的距离应当符合国家技术规范的强制性要求：

① 居民小区、学校、医院、娱乐场所、车站、商场等人口密集处的建筑物；

② 变电站、加油站、加气站、储油罐、储气罐等易燃易爆物品的生产、经营、存储场所。

（4）在穿越河流的管道线路中心线两侧各 500m 地域范围内，禁止抛锚、拖锚、挖砂挖泥、采石、水下爆破。但是，在保障管道安全的条件下，为防洪和航道通畅而进行的养护疏浚作业除外。

（5）在管道专用隧道中心线两侧各 1000m 地域范围内，禁止采石、采矿、爆破。因修建铁路、公路、水利工程等公共工程，确需实施采石、爆破作业的，应当经管道所在地县级人民政府主管管道保护工作的部门批准，并采取必要的安全防护措施，方可实施。

（6）未经管道企业同意，其他单位不得使用管道专用伴行道路、管道水工防护设施、管道专用隧道等管道附属设施。

（7）进行下列施工作业，施工单位应当向管道所在地县级人民政府主管管道保护工作的部门提出申请：

① 穿跨越管道的施工作业；

② 在管道线路中心线两侧各 5～50m 和管道附属设施周边 100m 地域范围内，新建、改建、扩建铁路、公路、河渠，架设电力线路，埋设地下电缆、光缆，设置安全接地体、避雷接地体；

③ 在管道线路中心线两侧各 200m 和管道附属设施周边 500m 地域范围内，进行爆破、地震法勘探或工程挖掘、工程钻探、采矿。

（8）管道保护应由专业人员管理。

定期进行巡线，雨季或其他灾害发生时要加强巡线检查。穿跨越及经过人口稠密区的管道，应设立明显的标识，并加大保护力度和巡查频次。

巡线检查内容包括：

① 埋地管线无裸露，防腐层无损坏；

② 跨越管段结构稳定，构配件无缺损，明管无锈蚀；

③ 标志桩、测试桩、里程桩无缺损；

④护堤、护坡、护岸、堡坎无垮塌；

⑤管道两侧各 5m 线路带内禁止种植深根植物，禁止取土、采石和构建其他建筑物等；

⑥管道两侧各 50m 线路带内禁止开山、爆破和修筑大型建筑物、构筑物工程。

管道保护工要做到对线路五清楚，即管线走向、埋深、规格、腐蚀情况、周围情况（地形、地物、地貌）清楚。

(9) 管道维护与管理。

①穿越管段应在每年汛期过后检查，每 2～4 年应进行一次水下作业检查。检查穿越管段稳管状态、裸露、悬空、移位及受流水冲刷、剥蚀损坏情况等。检查和施工宜在枯水季节进行。

②跨越管段及其他架空管段的保护按石油行业标准执行。

③管道内防护：根据输送天然气气质情况可使用缓蚀剂保护管道内壁。天然气在输送过程中宜再次分离、除尘、排除污物。当管道内有积水或污物时要及时进行清管作业。冬季要防止水化物堵塞管道，可向管道内加注防冻剂。

④管道防腐：管道外防腐应采用绝缘涂层与阴极保护相结合的方法。管道阴极保护率应 100%，开机率应大于 98%。阴极保护极化电位应控制在 -0.85～-1.25V 之间。站场绝缘阴极电位、沿线保护电位应每月测 1 次；管道防腐涂层、沿线自然电位应每 3 年检测 1 次，石油沥青防腐涂层破损、检修按石油行业规定执行。

(10) 检验：

①管道运营单位应制订检验计划，并报主管部门备案。

②管道检验分为：

A. 外部检验：除日常巡检外，1 年至少 1 次，由运营单位专业技术人员进行。

B. 全面检验：按有关规定由有资质的单位进行。新建管道应在投产后 3 年内进行首次检验。以后根据检验报告和管道安全运行状况确定检验周期。

③管道停用 1 年后再启用，应进行全面检验及评价。

④外部检验项目：

A. 管道损伤、变形缺陷；

B. 管边防腐层、绝热层；

C. 管道附件；

D. 安全装置和仪表；

E. 管道标志桩、标志牌、锚固墩、测试桩、围栏和拉索等；

F. 管道防护带和覆土；

G. 阴极保护系统。

⑤全面检验项目：

A. 外部检查的全部项目；

B. 管道内检测；

C. 管道测厚和从外部对管壁内腐蚀进行有效检测；

D. 无损检测和理化检测；

E. 土壤腐蚀性参数测试；

F. 杂散电流测试；

G. 管道监控系统检查；

H. 管内腐蚀介质测试和挂片腐蚀情况检验；

I. 耐压试验。

⑥有下列情况之一的管道，应缩短全面检验周期：

A. 多次发生事故；

B. 防腐层损坏较严重；

C. 维修改造后；

D. 受自然灾害破坏；

E. 湿含硫天然气管道投运超过8年，其他石油天然气管道投运超过15年。

（11）应定期对管道年龄、等级位置、应力水平、泄漏历史、阴极保护、涂层状况、输送介质和环境因素的影响进行评价，确定管道修理类型和使用寿命。

结束语

世界能源结构的改变给我国天然气工业的发展提供了极好的发展机遇。特别是近年来我国陆上和海上天然气探明储量快速增长以及世界级大气田的不断发现，不但有力地促进了我国天然气的开发和利用，改变了天然气在城市燃气配送中所占的比重，使其日渐成为城市燃气的主角，而且带动了我国城市燃气行业的整体发展。因此，保证天然气开发与输送工程的顺利运行已成为保障国家发展的重要基石。

参考文献

[1] 张明.煤制合成天然气技术与应用 [M].北京：化学工业出版社，2017.

[2] 廖佳佳，张太佶.怎样寻找海洋石油与天然气宝藏 [M].北京：海洋出版社，2017.

[3] 唐志远.天然气水合物勘探开发新技术 [M].北京：地质出版社，2017.

[4] 梁金强，沙志彬，苏丕波.天然气水合物成矿预测技术 [M].北京：地质出版社，2017.

[5] 李洪烈，王维斌，禹扬.电驱天然气压气站施工监管和调试投产指南 [M].哈尔滨：哈尔滨工程大学出版社，2017.

[6] 管延文，蔡磊，李帆.城市天然气工程 [M].武汉：华中科技大学出版社，2018.

[7] 周均，刘俊，胡建民.西部天然气概述及质量检验 [M].中国质检出版社，2018.

[8] 陈占明，张晓兵.改革中的中国天然气市场·回顾与展望 [M].北京：中国社会出版社，2018.

[9] 叶张煌.能源新时代背景下天然气全球格局分析 [M].徐州：中国矿业大学出版社，2018.

[10] 梁金强，王宏斌，苏丕波.天然气水合物成藏的控制因素研究 [M].北京：地质出版社，2018.

[11] 孙仁金，曹峰.中国天然气产业可持续发展系统标度及优化研究 [M].北京：中国经济出版社，2018.

[12] 秦志宁.石油和天然气 [M].北京：北京语言大学出版社，2018.

[13] 黄晓勇.天然气人民币 [M].北京：社会科学文献出版社，2018.

[14] 龚斌磊.页岩能源革命：全球石油天然气产业的兴衰和变迁 [M].
杭州：浙江大学出版社，2019.

[15] 孟尚志.煤系非常规天然气合采理论与技术 [M].北京：地质出版
社，2019.

[16] 耿江波.基于多尺度分析的天然气价格行为特征分析 [M].武汉：
湖北人民出版社，2019.

[17] 欧阳永林，刘洋.天然气地震学 [M].北京：石油工业出版社，
2019.

[18] 郑欣.天然气地面工艺技术 [M].北京：中国石化出版社，2019.

[19] 贾爱林.天然气开发技术 [M].北京：石油工业出版社，2019.

[20] 顾安忠，成德营.中国液化天然气之梦 [M].沈阳：沈阳出版社，
2019.

[21] 卢锦华，贾明畅.天然气处理与加工 [M].北京：石油工业出版社，
2019.

[22] 张希栋.中国天然气价格规制改革与政策模拟 [M].上海：上海社
会科学院，2020.

[23] 董长银，高永海，辛欣.天然气水合物开采流体输运与泥砂控制研
究进展 [M].东营：中国石油大学出版社，2020.

[24] 周永强.天然气法立法研究 [M].北京：石油工业出版社，2020.

[25] 邢云.液化天然气项目管理 [M].北京：石油工业出版社，2020.

[26] 樊栓狮，王燕鸿，郎雪梅.天然气利用新技术 [M].北京：化学工业
出版社，2020.

[27] 陆阳，赵红岩，王维超.天然气数字管道技术与应用 [M].长春：吉
林科学技术出版社，2020.

[28] 贾爱林，郭建林，韩永新.天然气开发理论与实践 [M].北京：石油
工业出版社，2020.

[29] 王文新，高亮.液化天然气船货物运输 [M].大连：大连海事大学
出版社，2020.

[30] 辛志玲，王维，赵贵政.天然气加工基础知识 [M].北京：冶金工业
出版社，2021.